Unity3D
人工智能编程精粹

王洪源 陈慕羿 华宇宁 石征锦 著

清华大学出版社
北京

内 容 简 介

要想开发一款优秀的游戏，人工智能必不可少。本书精选了Unity3D游戏开发中最关键、最实用的几项人工智能关键技术，以实例的方式由浅入深地讲解了深奥而强大的人工智能技术、设计原则以及编程实现方法，并且对书中的每一个案例都进行了详细注释，所有实例均运行测试通过。掌握了书中的技术，可以使游戏角色具有良好的智能，大大增强游戏的可玩性！

本书共分7章：第1章中给出了游戏人工智能的运动层、决策层、战略层的架构模型，将游戏角色模拟人的感知、决策和移动等问题进行分层处理与实现；第2章讲解了多种操控角色自主移动的算法，让角色在游戏中的运动看起来更真实自然、运算速度更快；第3章采用图示的方式详细讲解了游戏寻路中最著名的A*寻路技术，并进一步介绍了复杂地形、以及存在敌方火力威胁下的战术寻路技术；第4章讲解了游戏角色感知游戏世界的实现方法。例如，发现敌人的位置、追寻爆炸声、让角色具有短期记忆，根据脚印进行追踪等；第5章～第6章讲解了最常用的决策技术——状态机与行为树技术，并对比分析了有限状态机与行为树技术在游戏人工智能中的适用范围。在处理大规模的游戏决策问题时，行为树克服了有限状态机的许多缺点，层次清晰、易于发现差错和调试，能大大减少编程者的负担；第7章综合运用了A*寻路、行为树等技术，给出了一个具有较高人工智能水平的第三人称射击游戏实例。

本书能够将具有初级Unity3D游戏开发水平的读者引领到奥妙的人工智能领域，帮助读者创造出惊险、刺激、趣味性强的优秀游戏！

本书适合作为高等院校计算机科学与技术、数字媒体技术、数字媒体艺术等专业本科教材、游戏学院Unity3D游戏开发的高阶教材。

对于从事战场模拟训练、视景仿真技术等领域的科研人员而言，本书也很有益处。

本书封面贴有清华大学出版社防伪标签，无标签者不得销售。

版权所有，侵权必究。举报：010-62782989，beiqinquan@tup.tsinghua.edu.cn。

图书在版编目(CIP)数据

Unity3D人工智能编程精粹 / 王洪源等 著. —北京：清华大学出版社，2014（2021.1重印）
ISBN 978-7-302-37973-7

Ⅰ. ①U… Ⅱ. ①王… Ⅲ. ①游戏程序—程序设计 Ⅳ. ①TP311.5

中国版本图书馆CIP数据核字(2014)第209559号

责任编辑：杨如林
封面设计：铁海音
责任校对：胡伟民
责任印制：杨　艳

出版发行：清华大学出版社
　　网　　址：http://www.tup.com.cn, http://www.wqbook.com
　　地　　址：北京清华大学学研大厦A座　　邮　　编：100084
　　社 总 机：010-62770175　　邮　　购：010-83470235
　　投稿与读者服务：010-62776969, c-service@tup.tsinghua.edu.cn
　　质 量 反 馈：010-62772015, zhiliang@tup.tsinghua.edu.cn

印 装 者：北京九州迅驰传媒文化有限公司
经　　销：全国新华书店
开　　本：190mm×260mm　　印　张：19.75　　字　数：520千字
版　　次：2014年11月第1版　　印　次：2021年1月第7次印刷
定　　价：39.80元

产品编号：061185-01

前 言

写作目的

Unity3D是近几年非常流行的一个3D游戏开发引擎,已成为手机游戏开发的主要开发工具之一,也用于计算机虚拟现实领域的模拟飞行、模拟射击、模拟驾驶等技术的开发。手机(或其他平台)的游戏逐渐高档化、复杂化,游戏角色也需要具有更高的"智能"。

游戏中角色的AI(人工智能)水平直接决定着游戏的惊险性、刺激性、趣味性,优秀的游戏会使人玩不释手。在人机对战的TPS(第三人称视角射击游戏)游戏中,为了让游戏可以被玩家接受,使游戏变得更加有趣,很大程度上要依赖于AI。可以想象,如果敌人角色都只会呆滞地、向前径直冲进玩家的炮火中,玩家很快就会对此失去兴趣而弃之。游戏《半条命》因老练狡猾的敌人"海军陆战队"的AI系统而闻名;《星际争霸》游戏因广泛使用了寻路技术而使我们看到了战场上士兵的编队移动,现已成为RTS(即时战略游戏)游戏的潮流。

现在国内出版的Unity3D书籍多为入门级的初级水平读物,尚无Unity3D游戏人工智能的专门中文书籍,而其专题内容一般只在互联网"论坛"上出现,却又缺少系统化详解。

为此,本书精选了游戏AI中最必要、最实用的几项关键技术,用大量Unity3D示例代码、图片,以深入浅出的方式讲解游戏人工智能理论、设计原则和Unity3D编程实现方法。每个程序都有详细的注释并运行测试通过。程序对Unity3D的版本(3.X/4.X/5.X)依赖性不大。希望本书能给具备初步Unity3D游戏开发编程能力的读者在创作"更高智能"游戏角色时提供系统地、快捷地帮助。

主要内容

1. 第1章 Unity3D人工智能架构模型

对于游戏中的AI,应该关注的问题是如何让电脑能像人或动物那样"感知、决策、移动",使游戏中的角色看上去像真实的人或动物。为了用Unity3D实现这一目标,使用AI的架构模型来分层次处理运动层、决策层、战略层的内容,并以此解析了FPS/TPS(第一、三人称射击游戏）中各层次的任务分解。

2. 第2章 实现AI角色的自主移动——操控行为

操控行为是指操作控制角色，让它们能以模拟现实的方式在游戏世界中移动。它的工作方式是通过产生一定大小和方向的操控力，使角色以某种方式运动。操控行为包括一组基本"行为"：使单独的AI角色靠近或离开目标、在角色接近目标时减速、使捕猎者追逐猎物、使猎物逃离捕猎者、使角色在游戏世界中随机徘徊、使角色沿着某条预定路径移动、使角色避开障碍物等行为。

操控组成小队或群体的多个AI角色（如模拟群鸟飞行）时，需要令其与其他邻居保持一定的距离、一致的朝向以及靠近其他邻居等行为。

操控行为的优点是：使AI角色看上去很真实；非常易于计算，算法速度快。使用Unity3D提供的开源库UnitySteer可以快捷实现操控行为。

3. 第3章 找最短路径并避开障碍物——A*寻路

著名的A*寻路算法在游戏中有着十分广泛的应用，它可以保证在起点和终点之间找到最佳路径，在同类算法中效率很高，对于多数路径寻找问题它是最佳选择。本章给出了利用操控行为和A*寻路实现RTS中的小队寻路示例。

然而在实际游戏中，很多时候最短路径并不是最好的选择。在人类或坦克等在面对山地、森林等不同通过难度的地形时，在射击类游戏需要选择不易受敌人攻击的路线时，就需要采用战术寻路。本章给出了利用A* Pathfinding Project插件进行战术寻路的示例。

4. 第4章 AI角色对游戏世界的感知

当控制游戏角色的移动时，角色需要感知周围游戏世界的内部信息和外部信息。内部信息包括AI角色自身的生命值、武器、目标和运动状态等，外部信息包括敌人的位置、救生包位置、战友的位置及生命值、爆炸声的来源等。

可以采用轮询和事件驱动的方式对这些环境信息进行感知，引起相应的触发器动作，使AI角色做出相应的反应或行动。本章给出AI士兵的综合感知系统示例。

5. 第5~6章 角色自主决策——有限状态机及行为树

决策系统会对从游戏世界中收集到的各种信息进行处理（包括内部信息，外部信息），从而确定AI角色下一步将要执行的行为。

（1）如果游戏的决策系统不是很复杂，只要利用FSM（有限状态机）就可以实现。第5章分别给出了用Switch语句实现的FSM和用FSM框架实现的通用的FSM示例。

（2）在处理较大规模的问题时，FSM很难复用、维护和调试。为了让AI角色的行为能够满足游戏的要求，就需要增加很多状态，并手工转换大量的编码，非常容易出现错误。行为树（Behavior Tree）层次清晰，易于模块化，并且可以利用通用的编辑器简化编程，简洁高效。它为我们提供了丰富的流程控制方法，只要定义好一些条件和动作，策划人员就可以通过简单地拖曳和设置，来实现复杂的游戏AI。

作者在总结教学经验中体会到，初学者对行为树的设计思路理解较为困难，甚至互联网论坛上也常常看到因为对行为控制流程理解错误，导致很大程度上影响了对于行为树的正确应用。本章用较大篇幅详解了一个行为树的示例，一步步详细分析了它的执行流程，以期使读者能够准确掌握行为树并设计出具有更高"智能"的AI角色。

6. 第7章 AI综合案例——第三人称射击游戏

在本章中给出一个具有较高AI水平的第三人称射击游戏示例。其中主要用到了第3章的A*寻路、第6章的行为树等技术，使"敌人士兵"具有了较高的智能水平，它们可以自主寻找并移动到隐蔽点、躲藏在工事后面、下蹲以减少被玩家击中的概率、举枪瞄准玩家、对玩家射击……这些战术动作大大增加了游戏的惊险性、趣味性和挑战性！

适用读者

（1）对于具有初级开发水平的Unity3D游戏开发爱好者来说，这是一本非常好的AI入门读物。本书精选了游戏AI中最重要、最实用的几项关键技术，始终围绕着AI的技术精髓展开，同时用简单清晰的方式去实现它，读者可以在自己的计算机上运行示例代码，模仿书中提供的代码去快速实现一个"更高智能"的"敌人士兵"或其他AI角色。

（2）对于游戏开发培训学校的师生来说，本书可作为Unity3D游戏开发的高阶教材。本书深入浅出，用实例讲解理论性较强的人工智能理论、设计原则以及实现方法。书中配有大量的插图，重视AI技术论述的条理性，便于组织教学。

（3）本书可作为数字媒体技术、数字媒体艺术等专业的《游戏人工智能》课程教材，计算机科学与技术、自动化专业本科生、研究生的《人工智能》课程教材与实验参考书。由于一般院校都把《人工智能》作为专业选修课程，而且所使用的教材大多理论推导多、教材内容枯燥，如果以本书组织教学，将会大大提高学生的学习兴趣，同时会提高学生的实际编程水平。

（4）对于计算机、虚拟现实技术等相关学科的科研人员而言，本书也很有益处。

游戏人工智能程序必须在有限的计算机硬件资源（CPU速度、内存大小、显卡性能）下工作，本书的"操控行为"、"A*寻路"、"有限状态机"、"行为树"等算法的实时性、高效性有待于更深一步地研究提高。

本书由沈阳理工大学信息科学与工程学院王洪源、陈慕羿、华宇宁、石征锦老师共同著作完成，另外，参与本书编写工作的还有张骥超、王清鹏、李鑫洋、杨竹、陈鹏艳等硕士研究生。在本书写作过程中得到了清华大学出版社计算机与信息分社杨如林编辑的大力帮助，在此表示感谢。

作者

目　录

第1章　Unity3D人工智能架构模型·1

1.1　游戏AI的架构模型 ... 3
1.1.1　运动层 ... 4
1.1.2　决策层 ... 4
1.1.3　战略层 ... 4
1.1.4　AI架构模型的其他部分 ... 5
1.2　FPS/TPS游戏中的AI解析 ... 5
1.2.1　FPS/TPS中的运动层 ... 6
1.2.2　FPS/TPS中的决策层 ... 6
1.2.3　FPS/TPS中的战略层 ... 7
1.2.4　FPS/TPS中AI架构模型的支撑部分 ... 7

第2章　实现AI角色的自主移动——操控行为·9

2.1　Unity3D操控行为编程的主要基类 ... 11
2.1.1　将AI角色抽象成一个质点——Vehicle类 ... 12
2.1.2　控制AI角色移动——AILocomotion类 ... 14
2.1.3　各种操控行为的基类——Steering类 ... 16
2.2　个体AI角色的操控行为 ... 17
2.2.1　靠近 ... 17
2.2.2　离开 ... 19
2.2.3　抵达 ... 20
2.2.4　追逐 ... 22
2.2.5　逃避 ... 25
2.2.6　随机徘徊 ... 26

- 2.2.7 路径跟随 ... 29
- 2.2.8 避开障碍 ... 33
- 2.3 群体的操控行为 ... 41
  - 2.3.1 组行为 ... 41
  - 2.3.2 检测附近的AI角色 ... 42
  - 2.3.3 与群中邻居保持适当距离——分离 ... 44
  - 2.3.4 与群中邻居朝向一致——队列 ... 46
  - 2.3.5 成群聚集在一起——聚集 ... 47
- 2.4 个体与群体的操控行为组合 ... 49
- 2.5 几种操控行为的编程解析 ... 51
  - 2.5.1 模拟鸟群飞行 ... 51
  - 2.5.2 多AI角色障碍赛 ... 54
  - 2.5.3 实现动物迁徙中的跟随领队行为 ... 56
  - 2.5.4 排队通过狭窄通道 ... 64
- 2.6 操控行为的快速实现——使用Unity3D开源库UnitySteer ... 72
- 2.7 操控行为编程的其他问题 ... 75

第3章　寻找最短路径并避开障碍物——A*寻路·77

- 3.1 实现A*寻路的3种工作方式 ... 78
  - 3.1.1 基本术语 ... 78
  - 3.1.2 方式1：创建基于单元的导航图 ... 79
  - 3.1.3 方式2：创建可视点导航图 ... 80
  - 3.1.4 方式3：创建导航网格 ... 81
- 3.2 A*寻路算法是如何工作的 ... 83
  - 3.2.1 A*寻路算法的伪代码 ... 84
  - 3.2.2 用一个实例来完全理解A*寻路算法 ... 86
- 3.3 用A*算法实现战术寻路 ... 97
- 3.4 A* Pathfinding Project插件的使用 ... 100
  - 3.4.1 基本的点到点寻路 ... 100
  - 3.4.2 寻找最近的多个道具（血包、武器、药等） ... 106
  - 3.4.3 战术寻路——避开火力范围 ... 110
  - 3.4.4 在复杂地形中寻路——多层建筑物中的跨层寻路 ... 116
  - 3.4.5 RTS中的小队寻路——用操控行为和A*寻路实现 ... 120
  - 3.4.6 使用A* Pathfinding Project插件需要注意的问题 ... 137
- 3.5 A*寻路的适用性 ... 138

第4章 AI角色对游戏世界的感知·139

- 4.1 AI角色对环境信息的感知方式 141
  - 4.1.1 轮询方式 141
  - 4.1.2 事件驱动方式 141
  - 4.1.3 触发器 142
- 4.2 常用感知类型的实现 143
  - 4.2.1 所有触发器的基类——Trigger类 143
  - 4.2.2 所有感知器的基类——Sensor类 145
  - 4.2.3 事件管理器 146
  - 4.2.4 视觉感知 148
  - 4.2.5 听觉感知 153
  - 4.2.6 触觉感知 156
  - 4.2.7 记忆感知 157
  - 4.2.8 其他类型的感知——血包、宝物等物品的感知 159
- 4.3 AI士兵的综合感知示例 164
  - 4.3.1 游戏场景设置 165
  - 4.3.2 创建AI士兵角色 166
  - 4.3.3 创建玩家角色 176
  - 4.3.4 显示视觉范围、听觉范围和记忆信息 179
  - 4.3.5 游戏运行结果 182

第5章 AI角色自主决策——有限状态机·184

- 5.1 有限状态机的FSM图 185
  - 5.1.1 《Pac-Man（吃豆人）》游戏中红幽灵的FSM图 185
  - 5.1.2 《QuakeⅡ（雷神2）》中Monster怪兽的有限状态机 186
- 5.2 方法1：用Switch语句实现有限状态机 191
  - 5.2.1 游戏场景设置 192
  - 5.2.2 创建子弹预置体 193
  - 5.2.3 创建敌人AI角色 194
  - 5.2.4 创建玩家角色及运行程序 202
- 5.3 方法2：用FSM框架实现通用的有限状态机 205
  - 5.3.1 FSM框架 205
  - 5.3.2 FSMState类——AI状态的基类 206
  - 5.3.3 AdvancedFSM类——管理所有的状态类 210
  - 5.3.4 PatrolState类——AI角色的巡逻状态 213
  - 5.3.5 ChaseState类——AI角色的追逐状态 215

5.3.6 AttackState类——AI角色的攻击状态	217
5.3.7 DeadState类——AI角色的死亡状态	218
5.3.8 AIController类——创建有限状态机，控制AI角色的行为	219
5.3.9 游戏场景设置	223

第6章 AI角色的复杂决策——行为树·224

6.1 行为树技术原理 ... 226
- 6.1.1 行为树基本术语 ... 226
- 6.1.2 行为树中的叶节点 ... 227
- 6.1.3 行为树中的组合节点 ... 227
- 6.1.4 子树的复用 ... 232
- 6.1.5 使用行为树与有限状态机的权衡 ... 233
- 6.1.6 行为树执行时的协同（Coroutine） ... 233

6.2 行为树设计示例 ... 236
- 6.2.1 示例1：有限状态机/行为树的转换 ... 236
- 6.2.2 示例2：带随机节点的战斗AI角色行为树 ... 237
- 6.2.3 示例3：足球球员的AI行为树 ... 238

6.3 行为树的执行流程解析——阵地军旗争夺战 ... 239
- 6.3.1 军旗争夺战行为树 ... 239
- 6.3.2 军旗争夺战的行为树遍历过程详解 ... 240

6.4 使用React插件快速创建敌人AI士兵行为树 ... 248
- 6.4.1 游戏场景设置 ... 249
- 6.4.2 创建行为树 ... 249
- 6.4.3 编写脚本实现行为树 ... 253
- 6.4.4 创建敌人AI士兵角色 ... 256
- 6.4.5 创建玩家角色及运行程序 ... 257

第7章 AI综合示例——第三人称射击游戏·258

7.1 TPS游戏示例总体设计 ... 258
- 7.1.1 TPS游戏示例概述 ... 258
- 7.1.2 敌人AI角色行为树设计 ... 259

7.2 TPS游戏示例场景的创建 ... 261
- 7.2.1 游戏场景设置 ... 261
- 7.2.2 隐蔽点设置 ... 261

7.3 为子弹和武器编写脚本 ... 262
- 7.3.1 创建子弹预置体 ... 262

	7.3.2 为M4枪编写脚本	265
7.4	创建玩家角色	268
7.5	创建第三人称相机	274
7.6	创建敌人AI士兵角色	278
	7.6.1 用React插件画出行为树	278
	7.6.2 为行为树编写代码	280
	7.6.3 敌人AI士兵角色控制脚本	291
7.7	创建GUI用户界面	297
7.8	游戏截图	298

参考文献·301

第1章
Unity3D人工智能架构模型

Unity3D是近几年非常流行的一个3D游戏开发引擎，已经成为手机游戏主要的开发工具之一。该引擎也可以用于计算机虚拟现实领域的开发工作，比如模拟飞行、模拟射击、模拟驾驶等。手机（或其他平台）中的游戏逐渐高档化、复杂化，游戏角色需要具有更高的"智能"，特别是在大型三维网络游戏中，AI（人工智能）的开发占有重要的比例。游戏中角色的AI水平直接决定着游戏的惊险性、刺激性、趣味性，优秀的游戏会使人玩不释手。

本书的核心是采用Unity3D游戏引擎，使用C#脚本编程来实现这类智能任务。

人工智能（Artificial Intelligence，简称AI），是指由人工制造出来的系统所表现出来的模拟人类的智能活动，通常也指通过计算机实现的这类智能。在游戏中，对于AI，应该关注的问题是如何让游戏角色能像人或动物那样"感知"、"思考"和"行动"，让游戏中的角色看上去像具有真实的人或动物的反应。

本书用"AI角色"来表示游戏中由计算机控制，具有一定智能的非玩家角色。

事实上，对于游戏中的AI角色，可以认为它们一直处于感知（Sense）→思考（Think）→行动（Act）的循环中。

- 感知：是AI角色与游戏世界的接口，负责在游戏运行过程中不断感知周围环境，读取游戏状态和数据，为思考和决策收集信息。例如，是否有敌人接近等。
- 思考：利用感知的结果选择行为，在多种可能性之间切换。例如，战斗还是逃跑？躲到哪里？一般说来，这是决策系统的任务，有时也可能简单地与感知合二为一。

● 行动：发出命令、更新状态、寻路、播放声音动画，也包括生命值减少等。这是运动系统、动画系统和物理系统的任务，而动画和物理系统由游戏引擎提供支持。

多年以来，从街机游戏《PaC Man（吃豆人）》中的小魔鬼到《使命召唤：现代战争3》、《光晕》等，AI给无数的游戏角色赋予了鲜活的生命力。

1. 决策系统中的"有限状态机"技术

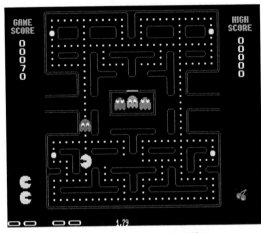

图1.1 《PaC Man》游戏截图

《PaC Man》（见图1.1）游戏中的AI或许是很多玩家曾经见过的最早的AI角色，该游戏中的敌人角色能和玩家作对，在关卡中像玩家一样移动，给玩家留下了深刻的印象。

《PaC Man》采用了非常简单的"有限状态机"技术。在游戏中，每个小魔鬼都处于追逐PaC Man或当PaC Man长大后被小魔鬼追逐而逃跑的状态中。对于每个状态，小魔鬼在交叉点处都会采用半随机的方式选择移动路线。在追逐模式下，每个小魔鬼都有不同的概率追逐PaC Man；在逃跑模式下，它们或者选择以最快速度跑开，或者选择一个随机的方向移动。

《PaC Man》之后很久一段时间，AI游戏的开发几乎是在原地踏步，直到1990年代中期，AI又开始成为游戏的热点，一些游戏的宣传中甚至特别提到了AI来做为卖点。

有限状态机技术是最早产生的AI技术，时至今日依然有着强大的生命力，是AI中应用最为广泛的技术之一。同时，行为树技术也得到了越来越广泛的应用。

2. 潜行类游戏中的感知技术

在现代游戏中，感知与触发技术的使用十分普遍，它们会为玩家带来更加逼真的游戏体验。尤其是在潜行类游戏中，感知系统是最为重要的部分之一。

图1.2 《Metal Gear Solid》游戏截图

1997年的《Goldeneye 007（黄金眼007）》游戏中，尽管采用了只包含少量状态的角色，但是加入了一个AI感知系统，使游戏中的角色能够看到他们的同伴，如果同伴被杀死，他就会感知并调整自身行为。1998年的《Thief：The Dark Project》和《Metal Gear Solid（合金装备）》（见图1.2）游戏中，引入了更加强大的AI感知，大大提升了游戏体验。

3. 运动系统中的自主移动与编队移动技术——"操控行为"与"A*寻路"技术

1994年，一款经典的即时战略游戏《星际争霸》（见图1.3）横空出世，在很短的时间里盖过了C&C系列的风头，成为RTS（Real-Time Strategy Game，即时战略游戏）游戏的新潮流，并且这股潮流一卷就是十几年。在玩家非常熟悉的《星际争霸》游戏中，广泛使用了寻路技术与战场上士兵的编队移动，而《星际争霸2》中采用了第2章将介绍的群体操控行为。

时至今日，群体操控行为依然是游戏中最广泛采用的群体模拟技术，而A*寻路则是应用最为广泛的寻路算法。

图1.3 《星际争霸》游戏截图

1.1 游戏AI的架构模型

尽管每种游戏需要的AI技术都有所不同，但绝大多数现代游戏中对AI的需求都可以用三种基本能力来概括。
- 运动：移动角色的能力；
- 决策：做出决策的能力；
- 战略：战略战术思考的能力。

根据上面的需求，我们采用的AI架构模型如图1.4所示。在这个模型中，将AI任务划分为三个层级，分别为运动层、决策层和战略层。运动与决策层包含的算法是针对单个角色的，战略层是针对小队乃至更大规模群体的。在这三个层次的周围，是与AI密切相关的其他部分：与游戏世界的接口、动画系统、物理仿真系统等。

需要注意的是，这只是一种基本的AI架构模型。实际中，根据游戏的种类和需求，可能会有所细化或增删。例如，棋类游戏就只包含战略层，因为这种游戏中的角色不需要自己做出决定，也不用考虑如何移动。而其他许多非棋类游戏中，就不包含战略层，如平台游戏中的角色，可能是纯反应型的，只需要每个角色自己做出简单的决定，并且依此行动，而不需要角色之间的分工协作。在另一些类型的游戏中，可能还需要对这三层中的某层进行进一步细分，以满足更多的需求等。

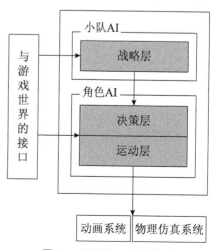

图1.4 通用的AI架构模型

1.1.1 运动层

导航和寻路是运动层AI的主要任务，它们决定了角色的移动路径。当然，具体的移动行为还需要动画层的配合才能完成。

例如在《Splinter Cell（细胞分裂）》游戏的某些关卡中，当卫兵看到玩家时，需要拉响警报，这就需要它们首先移动到最近的、固定在墙上的警铃，而这个警铃可能距离卫兵较远，卫兵需要避开许多障碍或穿过走廊才能到达，要实现这些就需要较为复杂的导航或寻路算法。

当然，有许多行为是直接由动画层处理的。例如，在《模拟人生》游戏中，如果一个角色正坐在桌子旁边，面前放着食物，这时如果角色做出需要执行吃东西的决定，那么只需要播放吃东西的动画就可以了，不再需要其他AI。

运动层包含的算法能够把上层做出的决策转化为运动。

如果上层做出吃东西的决策时，这个角色正在门的后面，那么就需要运动层的参与：首先使角色移动到椅子那里，然后才能播放相关的动画。

当一个AI角色的决策层做出攻击玩家的决策时，运动层会利用与移动相关的算法，使角色接近玩家的位置，来执行这个决策，然后才会播放攻击动画，以及处理角色或玩家的生命值等。

1.1.2 决策层

决策层的任务是决定角色在下一时间步该做什么。

在最简单的情况下，角色可以采用很简单的准则来选择行为。例如，只要角色看不到玩家，就进行巡逻，反之就进行攻击。在复杂的情况下，角色就需要更多的准则来选择行为，比如《半条命2：消失的海岸线》中的敌人AI向我们展现了复杂的决策，它们会采用许多不同的策略接近玩家，将多个中间行为，例如投掷手榴弹，压制敌人火力等组合到一起，从而达到目标。

一般情况下，每个角色都有许多不同的行为可以选择，例如攻击、隐藏、探索、巡逻等，因此，每个时间步，决策系统都需要判断哪些行为是最适合的。当决策系统做出决策后，由运动层和动画系统来执行决策。

一些决策可能会需要运动层来执行。例如，如果需要近身攻击，那么角色必须首先靠近攻击目标。也有些决策无需运动层执行，只需要动画系统的支持，或是只要更新游戏状态就可以了。

决策层的功能可以利用本书所介绍的有限状态机或行为树技术实现，也可以采用更加复杂的AI技术，如模糊状态机、神经网络等技术实现。

1.1.3 战略层

即使游戏中只有运动层和决策层，也可以实现很复杂的功能。事实上，大部分基于行为的三维游戏只用到了这两个层次，但是，如果需要团队协作，那么还需要某些战略AI。

战略指的是一组角色的总体行为，这时AI算法并不是只控制单个角色，而是会影响到多个角色的行为。小组中的每个角色可以有它们自己的决策层和运动算法，但总体上，它们的决策层会受到团队战略的影响。

在较早的游戏《半条命2：消失的海岸线》中，敌人会进行团队协作，包围和消灭玩家。例如，一个敌人会冲过玩家，试图从侧翼进攻。更晚一些的游戏，例如《Tom Clancy's Ghost Recon》中，采用了更为复杂的团队战略行为，而现代的游戏用到的团队战略就更为复杂了。

战略层也可以利用本书所介绍的有限状态机或行为树技术实现，也可以采用更加复杂的AI技术，如模糊状态机、神经网络等技术实现。

1.1.4　AI架构模型的其他部分

在实际中，要构造出好的AI角色，只有运动层、决策层和战略层是不够的，还需要许多其他相关技术的支持。例如，运动层需要向"动画系统"或"物理仿真系统"发出请求，以便将移动进一步转换为具体的行动。

AI还需要感知游戏世界的信息，找出角色能够获知的信息，来做出合理的决策，可以称之为"感知系统"。它不仅仅包含每个角色可以看到和听到的内容，还包括游戏世界与AI的所有接口。

1.2　FPS/TPS游戏中的AI解析

FPS（First Person Shooter Game，第一人称视角射击游戏）就是以玩家的主观视角来进行射击的游戏；TPS（Third Person Shooting，第三人称视角射击游戏）是指玩家控制的游戏人物在游戏屏幕上是可见的，因而第三人称射击游戏更加强调动作感。

在过去的许多年中，FPS/TPS战斗AI的"进化"十分缓慢，大多数电脑控制的敌人角色都只会呆滞地向前径直冲进玩家的炮火中，直到Valve发布了《半条命》才改变了这种状况。为了让游戏可以被玩家接受，使游戏变得更加有趣，FPS游戏很大程度上依赖于战斗AI。在《半条命》中，战斗AI有了很大的提高，"海军陆战队"展示出了前所未有的AI级别，包括被击中时的不同反应、发现手榴弹，甚至对于玩家、伙伴和敌人具有真实感的认知。《半条命》因老练狡猾的敌人的AI系统而闻名。

FPS/TPS游戏中的AI通常用分层结构来实现。高层负责进行推理决策，选择适当的与策略匹配的行为；低层负责处理最基本的任务，确定到目标位置（这个目标位置由更高层决定）的最优路径，或是播放适当的动画序列。当AI系统确定了采取何种行为时，低层模块需要选择完成这项任务的最佳策略。低层模块接收到命令，使角色参加战斗，它会尝试确定当前最佳的方法——悄悄接近敌人，隐藏在角落中，等待机会或直接跑向敌人或疯狂地射击。

1.2.1 FPS/TPS中的运动层

运动层的任务是确定角色如何在游戏世界中移动，负责让角色避开障碍物，沿着导航系统确定的节点移动，并且在复杂的环境中寻找到达目标点的路径。运动子系统不会决定移动到哪里，只决定怎么移动到指定地点。它接收来自其他部分的命令，告诉它去往哪里，然后确保角色以合适的方式移动到那里。

总的来说，这一层负责执行高层分配给它的任何任务。这些任务是采用移动命令发出的，例如，移动到点（X，Y，Z），移动到目标B，面向点（X，Y，Z）或者"停止移动"。

这一层涉及到的主要算法是寻路。在每个关卡中，寻路部分负责寻找从任一坐标点到另一个坐标点的路径。给定一个出发点、一个状态标识、一个目标或目的地，它会找到一系列航点，组成一条最优路径。当找不到路径可以到达目标点时，它会报告找不到路径。

另外，它也可以处理不同类型的移动，例如走路、跑、游泳等，并采用适当的参数来确定AI角色的加速度、运动范围、转动速率、动画以及其他的运动特性。

1.2.2 FPS/TPS中的决策层

在射击游戏中，决策层确定了角色的当前目标、命令、状态和当前目的地，并与其他层通信，使角色协调地运动到一个指定的目标地点。

具体来说，这一层决定了AI的执行行为，如播放哪个动画、播放哪个音频文件、移动到哪里、何时以及如何投入战斗。根据游戏的不同需求，决策层可以有多种实现方式，大多数FPS游戏都采用有限状态机或行为树技术实现。

由于在多数射击游戏中，战斗是关键部分，因此在用户评估AI时，与战斗相关的决策是十分关键的。因此，可以在决策层中，除了一般的决策之外，再增加一个单独的"战斗控制器"，这个战斗控制器负责做出与战斗相关的决策，它可以利用有限状态机或行为树技术类实现。在一些实际游戏中，包含战斗控制器的决策层是利用层次状态机或行为树技术来实现的，例如微软的《光晕》系列游戏等。

对于一个典型的FPS游戏中的AI角色，下面列出了几个典型状态。

- 空闲：角色没有参与战斗或移动。
- 巡逻：角色沿着给定的巡逻路线进行巡逻。
- 战斗：角色处于战斗中，这时大部分事情交给战斗控制器处理。
- 徘徊：角色没有参与战斗或移动。
- 逃跑：角色试图逃离敌人或某种感觉到的威胁。
- 寻找：角色正在寻找可以战斗的敌人，或寻找在战斗中逃跑的敌人。

当角色开始战斗时，大多数行为控制便交给了战斗控制器，它负责所有相关的任务，例如选择敌人、选择武器、操作武器、开火、选择额外的武器和弹药等。但最困难的部分是如何智能地对当前环境做出反应，并选择执行适当的策略，这里需要考虑的问题主要包括以下几个方面。

1. 策略选择

对于任何战斗场景，游戏决策层都需要选择最好的策略攻击敌人，让游戏更具有挑战性。这个决策依赖于三个主要因素：正在考查的策略特点、其他战士的相对策略、不同的位置以及当前的状况（角色的生命状况（包括武器、弹药和位置），加上同伴和对手的生命状况（包括武器、弹药等））。

2. 战斗部分的任务

评估角色的当前境遇、选择战斗策略、瞄准和向对方开枪、决定何时选择新的武器等。

3. 如何选择敌人

对于多个敌人，战斗AI需要挑选出一个敌人作为当前的目标，因为一个角色在某一时刻只能对付一个敌人。当AI选择好目标，并初始化战斗后，如果境遇发生变化，它需要考虑改变目标；如果目标死亡，便需要重新确定目标。

4. 目标选择

在复杂的游戏场景中，通常很容易找到一个好的目标选择策略，因为只需考虑角色与潜在敌人的关系就可以了。角色首先需要进行自身的防御，确定是否有对手在威胁他的安全。如果没有，他可以选择最近的、最脆弱的目标进行攻击。使用一个简单的排序函数就可以做出决定，并调用合适的战斗命令。

5. 武器射击点位置

大多数FPS武器是高速的射击武器，这时的核心问题是确定向哪里开火；相反，如果武器是低速的，便需要预测敌人在未来时刻的位置，并朝向这个未来位置进行射击。

1.2.3　FPS/TPS中的战略层

在射击游戏中，需要的AI一般主要针对单独的个体角色，而不是相互协作、采用相同策略进行同步的小队。但是，如果你的游戏中，例如，游戏是基于分队战斗的，需要考虑分队成员之间的协作，那么可能会需要一个战略层。

战略层可以很简单，例如，只作出分队前进、撤退或掩护的决策，也可能很复杂，例如让分队中的某些成员进行攻击，其他成员继续前进或提供掩护，然后在前方某点会合等。

1.2.4　FPS/TPS中AI架构模型的支撑部分

1. 感知部分

任何人只需看一眼周围环境，便立刻能够形成对空间的理解，而让一个AI角色去理解某个区域的空间配置却很困难。角色的感知可以划分为视觉子系统、听觉子系统和策略子系统。视觉子系统考虑距离、视场的角度以及当前的可视级别（例如光线、雾和障碍等）。为了确保角色确实能够看到物体，我们一般需要调用Raycast进行查询，另外，角色还要能够感知到受伤害、碰撞等。

2. 动画部分

动画部分负责控制角色的骨骼关节，它的主要任务是选择动画，选择动画参数，并且播放角色运动序列。动画系统按照选择的速度播放动画，也可以让身体的不同部分播放不同的动画。例如，一个士兵可以在奔跑的同时瞄准敌人，也可以在奔跑时射击和更换武器。这种类型的游戏一般采用反向动力学系统（IK）实现。高层模块的任务是选择与当前状况适合的行为，例如，是否寻路某个区域、进入战斗或走遍地图搜索敌人。

第2章
实现AI角色的自主移动——操控行为

初学Unity3D时常常会遇到这样的情景：设计的游戏角色在行进过程中遇到障碍物而无法避开，它不停地与障碍物碰撞，与障碍物做相对滑动，一直到滑出障碍物为止；有时，它也可能会一直卡在那里，不停地原地踏步，这简直糟糕极了！

通过本章，读者可以学习到如何让AI角色实现自主移动。

- 如果角色需要从A移动到B，但被路上的一堵墙挡住了去路，那么它会做出相应地反应，调整自己的行为，而不是机械地贴在墙上播放行走动画却丝毫无法前进。
- 如果一个角色发现了比它强大得多的敌人正在靠近，那么应该立即逃走，而这个更强大的敌人也会自行去追逐逃走的角色。在这个逃走过程中，追逐者会预测逃跑者的未来位置，并前往预测的方向拦截，而不是傻乎乎地一直跟在逃跑者的后面。
- 在一个足球游戏中，玩家希望正在试图接球的球员会预测球的位置，向预测的方向奔跑，或是在接近球的时候减慢速度准备接球，而不是保持常速，在球到达时突然停住，或是控制不住速度而直接从球旁边冲过去。
- 对于一个需要巡逻的角色，玩家可能希望它能在场景中随机的徘徊游荡，而不希望它沿着几个固定的巡逻点，来回地周期往复。
- 如果一个角色需要穿越火力而前往某个目标点完成任务，玩家显然会希望它能在途中尽量避开危险，安全到达目标点，而不是大摇大摆地穿过火力线而过早被击毙。

- 对于多个单位组成的小队，例如一群飞鸟、一个机组、一个虫族的小队、一个鱼群、一个兽群，甚至人群，玩家不希望它们像仪仗队那样机械地保持队形且路线完全一致地运动，而是希望它们的运动既有一致性，但同时还呈现出某些个性，看上去更加真实生动。

图2.1　鸟和鱼的集群行为，摘自动画短片 Stanley and Stella in: Breaking the Ice

图2.2　电影《蝙蝠侠归来》中的企鹅部队

1986年，Craig Reynolds提出了"集群"和"操控行为"的概念，用来仿真鸟的行为。他的论文发表在1987年的SIGGRAPH会议上，他还利用这种方法做了一个动画短片Stanley and Stella in: Breaking the Ice，片中呈现的内容十分精彩，其中最生动的是图2.1所示的鸟群的集群行为。

从图2.1中可以看到，鸟群显示出某种一致性、聚合性，但又并不是完全整齐排列地向一个方向飞翔或游动，而是呈现一定的随机性。鸟群的行为看上去很自然、逼真，因此产生了深远的影响。

1992年，在蒂姆波顿的电影《蝙蝠侠归来》（见图2.2）中，蝙蝠群和向高谭市进军的企鹅部队都是用这种技术生成的。从此以后，这项技术便被大量应用于电影和游戏中，电影《狮子王》、《指环王》中都应用了这项技术。在《指环王》中，通过使用Massive软件实现了操控行为。游戏中也经常应用这项技术，比如大家都很熟悉的游戏《半条命》和《星际争霸》。

"操控行为"是指操作控制角色，让它们能以模拟真实的方式在游戏世界中移动。它的工作方式是通过产生一定大小和方向的操控力，使角色以某种方式运动。

（1）操控行为包括一组基本"行为"。对于单独的AI角色，基本操控行为包括：
- 使角色靠近或离开目标的"Seek"、"Flee"行为；
- 当角色接近目标时使它减速的"Arrival"行为；
- 使捕猎者追逐猎物的"Pursuit"行为；
- 使猎物逃离捕猎者的"Evade"行为；
- 使角色在游戏世界中随机徘徊的"Wander"行为；
- 使角色沿着某条预定路径移动的"Path Following"行为；
- 使角色避开障碍物的"Obstacle Avoidance"行为等。

基本行为中的每一个行为，都产生相应的操控力，将这些操控力以一定的方式组合起来（实际上就相当于将这些基本"行为"进行了不同的组合），就能够得到更复杂的"行为",从而实现更为高级的目标。

(2)对于组成小队或群体的多个AI角色,包括基本的组行为如下。
- 与其他相邻角色保持一定距离的"Separation"行为;
- 与其他相邻角色保持一致朝向的"Alignment"行为;
- 靠近其他相邻角色的"Cohesion"行为。

无论整个群体中有多少个个体,对于每个个体,计算的复杂性都是有限的,通过这种简单的计算,就可以产生逼真的效果。采用这项技术,两个相似的鸟群,即使是飞过相同的路线,它们的行为也是不同的。如果将这种真实性与其他采用中心控制机制的AI方法相比,就更容易看到它的特别之处。

这种方法的缺点在于,由于它无法预测,可能会出现无法预料的行为,也因此效果更真实、自然。为了得到更可靠的结果,在使用时许多参数需要通过实验调整,不过调整的过程中往往也会看到很有趣的结果。

为了使读者准确掌握本章内容以及阅读相关游戏人工智能英文书籍、资料提供方便,本书列出了以下中英文术语对照及释义,见表2.1所示。

表2.1 操控行为术语中英文对照表

英文术语	中文术语	释义
Seek	靠近	使角色靠近目标
Flee	离开	使角色离开目标
Arrival	抵达	当角色接近目标时使它减速
Pursuit	追逐	使捕猎者追逐猎物
Evade	逃避	使猎物逃离捕猎者
Wander	随机徘徊	使角色随机徘徊
Path Following	路径跟随	使角色沿着某条预定路径移动
Obstacle Avoidance	避开障碍	使角色避开障碍物
Group Behavior	组行为	多角色成组的操控行为
Radar	雷达	探测周围相邻角色位置
Separation	分离	与群中邻居保持适当距离
Alignment	队列	与群中邻居保持朝向一致
Cohesion	聚集	成群聚集在一起

2.1 Unity3D操控行为编程的主要基类

本节的内容位于AI模型中的运动层(见图1.4:通用的AI构架模型),编程中主要涉及到Vehicle类、AILocomotion类和Steering类,它们是实现操控行为的基础。

2.1.1 将AI角色抽象成一个质点——Vehicle类

首先对AI角色做出抽象。假设AI角色的基类名称为"Vehicle",这个类名的直译为"交通工具",但实际上它包括了很宽泛能自主移动的任何AI角色,如有轮机器、马匹、飞机、汽车、潜水艇、动物、人类和怪物等。

在AI构架模型中,操控AI角色的基类Vehicle把操作的对象抽象为一个质点,它包含位置(position)、质量(mass)、速度(velocity)等信息,而速度随着所施加力的变化而变化。由于速度意味着是实际物理实体,施加在其上的力和能达到的速度都是有限制的,因此还需要最大力(max_force)和最高速度(max_speed)两个信息。除此之外,还要包含一个朝向(orientation)的信息。

综上,这个"交通工具"位置的计算方法是这样的:

(1)确定每一帧的当前操控力(最大不超过max_force);
(2)除以交通工具的质量mass,可以确定一个加速度;
(3)将这个加速度与原来的速度相加,得到新的速度(最大不超过max_speed);
(4)根据速度和这一帧流逝的时间,计算出位置的变化;
(5)与原来的位置相加,得到"交通工具"的新位置。

```
steering_force = truncate ( steering_force, max_force )
acceleration = steering_force / mass
velocity = truncate ( velocity + acceleration × deltaT, max_speed )
position = position + velocity × deltaT
```

在这个简单的"交通工具"模型中,来自操控行为部分的控制信号只是一个向量——steering_force。当然,也可以采用更复杂的模型,这里不再做介绍。

在下面这个实现中,Vehicle是一个基类,其他所有可移动的游戏AI角色都由它派生而来。该实现封装了一些数据,用来描述被看作质点的"交通工具",如车辆、马匹、飞机、潜水艇、动物、人类和怪物等。

代码清单2-1　Vehicle.cs

```csharp
using UnityEngine;
using System.Collections;

public class Vehicle : MonoBehaviour
{
    //这个AI角色包含的操控行为列表;
    private Steering[] steerings;
    //设置这个AI角色能达到的最大速度;
    public float maxSpeed = 10;
```

```csharp
//设置能施加到这个AI角色的力的最大值;
public float maxForce = 100;
//最大速度的平方,通过预先算出并存储,节省资源;
protected float sqrMaxSpeed;
//AI角色的质量;
public float mass = 1;
//AI角色的速度;
public Vector3 velocity;
//控制转向时的速度;
public float damping = 0.9f;
//操控力的计算间隔时间,为了达到更高的帧率,操控力不需要每帧更新;
public float computeInterval = 0.2f;
//是否在二维平面上,如果是,计算两个GameObject的距离时,忽略y值的不同;
public bool isPlanar = true;
//计算得到的操控力;
private Vector3 steeringForce;
//AI角色的加速度;
protected Vector3 acceleration;
//计时器;
private float timer;
protected void Start ()
{
    steeringForce = new Vector3(0,0,0);
    sqrMaxSpeed = maxSpeed * maxSpeed;
    timer = 0;
    //获得这个AI角色所包含的操控行为列表;
    steerings = GetComponents<Steering>();
}
void Update ()
{
    timer += Time.deltaTime;
    steeringForce = new Vector3(0,0,0);
    //如果距离上次计算操控力的时间大于设定的时间间隔computeInterval;
    //再次计算操控力;
    if (timer > computeInterval)
    {
        //将操控行为列表中的所有操控行为对应的操控力进行带权重的求和;
```

```
        foreach (Steering s in steerings)
        {
           if (s.enabled)
              steeringForce += s.Force()*s.weight;
        }
        //使操控力不大于maxForce;
        steeringForce = Vector3.ClampMagnitude(steeringForce,maxForce);
        //力除以质量，求出加速度;
        acceleration = steeringForce / mass;
        //重新从0开始计时;
        timer = 0;
     }
  }
```

2.1.2 控制AI角色移动——AILocomotion类

AILocomotion类是Vehicle的派生类，它能真正控制AI角色的移动，包括计算每次移动的距离，播放动画等，下面是一个示例实现。

代码清单2-2　AILocomotion.cs

```
using UnityEngine;
using System.Collections;
public class AILocomotion : Vehicle
{
   //AI角色的角色控制器;
   private CharacterController controller;
   //AI角色的Rigidbody;
   private Rigidbody theRigidbody;
   //AI角色每次的移动距离;
   private Vector3 moveDistance;
   void Start()
   {
      //获得角色控制器（如果有的话）;
      controller = GetComponent<CharacterController>();
      //获得AI角色的Rigidbody（如果有的话）;
      theRigidbody = GetComponent<Rigidbody>();
```

```csharp
        moveDistance = new Vector3(0,0,0);

        //调用基类的Start()函数,进行所需的初始化;
        base.Start();
}
//物理相关操作在FixedUpdate()中更新;
void FixedUpdate()
{
    //计算速度;
    velocity += acceleration * Time.fixedDeltaTime;
    //限制速度,要低于最大速度;
    if (velocity.sqrMagnitude > sqrMaxSpeed)
        velocity = velocity.normalized * maxSpeed;
    //计算AI角色的移动距离;
    moveDistance = velocity * Time.fixedDeltaTime;
    //如果要求AI角色在平面上移动,那么将y置为0;
    if (isPlanar)
    {
        velocity.y = 0;
        moveDistance.y = 0;
    }

    //如果已经为AI角色添加了角色控制器,那么利用角色控制器使其移动;
    if (controller != null)
        controller.SimpleMove(velocity);
    //如果AI角色没有角色控制器,也没有Rigidbody;
    //或AI角色拥有Rigidbody,但是要由动力学的方式控制它的运动;
    else if (theRigidbody == null || theRigidbody.isKinematic)
        transform.position += moveDistance;
    //用Rigidbody控制AI角色的运动;
    else
        theRigidbody.MovePosition(theRigidbody.position + moveDistance);
    //更新朝向,如果速度大于一个阈值(为了防止抖动)
    if (velocity.sqrMagnitude > 0.00001)
    {
        //通过当前朝向与速度方向的插值,计算新的朝向;
```

```csharp
            Vector3 newForward = Vector3.Slerp(transform.forward,
            velocity, damping * Time.deltaTime);
        //将y设置为0;
        if (isPlanar)
            newForward.y = 0;
        //将向前的方向设置为新的朝向;
            transform.forward = newForward;
    }
    //播放行走动画;
    gameObject.animation.Play("walk");
    }
}
```

2.1.3 各种操控行为的基类——Steering类

Steering类是所有操控行为的基类，包含操控行为共有的变量和方法，操控AI角色的寻找、逃跑、追逐、躲避、徘徊、分离、队列、聚集等都可由此派生。这样，我们就可以在Unity3D中的C#脚本中方便地使用上述派生类来编程了。

代码清单2-3　Steering.cs

```csharp
using UnityEngine;
using System.Collections;
public abstract class Steering : MonoBehaviour
{
//表示每个操控力的权重;
public float weight = 1;
void Start () {

}
void Update () {

}
//计算操控力的方法，由派生类实现;
public virtual Vector3 Force()
{
    return new Vector3(0,0,0);
}
}
```

2.2 个体AI角色的操控行为

在开发一个飞船射击游戏、战略模拟游戏或第一人称射击游戏时，可能会遇到想让AI角色追逐或者避开玩家的情况。如在飞行模拟游戏中，让导弹跟踪和进攻玩家或玩家的飞行器。在这种情况下，可以运用本节介绍的技术。

（1）有效地实现追逐或躲避等基本行为——让追猎者去追逐猎物，而猎物在不被抓到的情况下跑得越远越好；

（2）当追猎者接近目标时，可能需要它减速，然后正好停止到目标位置，而不是高速冲过目标位置，然后再返回；

（3）移动过程中还需要AI角色能够避开路上遇到的障碍物，这样AI角色就不会在追逐玩家的时候撞到障碍物上，并且被卡在那里，无法走出来；

（4）有时可能需要AI角色在场景中徘徊，以便寻找敌人，或寻找补给等。在许多小游戏中，AI角色的徘徊行为都是围绕着几个事先指定的路点的，玩家一眼就能看出并预测它的行为，非常机械乏味。本节将介绍更加自然逼真的随机徘徊实现方法；

（5）在某些时候，还需要AI角色能够沿着规划好的路径移动。

2.2.1 靠近

操控行为中的靠近是指，指定一个目标位置，根据当前的运动速度向量，返回一个操控AI角色到达该目标位置的"操控力"，使AI角色自动向该位置移动。

要想让AI角色靠近目标，首先需要计算出AI角色在理想情况下到达目标的预期速度。该速度可以看作是从AI角色的当前位置到目标位置的向量。操控向量是预期速度与AI角色当前速度的差，该向量大小随着当前位置变化而变化，从而形成图2.3中该角色的寻找路径。

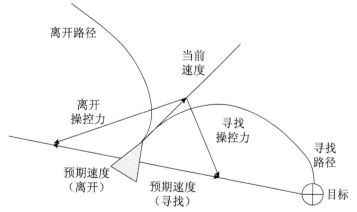

图2.3 寻找与离开操控行为中的操控力计算

图2.3中的小三角表示AI角色，图中画出了它当前的运动速度、预期速度、计算出的操控向量以及实际的寻找路径。

> **注意**：由于操控行为是基于力和速度的，速度不会突变，因此，如果角色一直采取靠近行为，那么最终它将会从目标穿过，然后再返回重新接近目标，如此往复。这样产生的运动看上去就像飞蛾绕着灯飞舞。

当然，如果目标物体包含一个碰撞体，那么，接下来的行为就要由Character Controller决定了。如果不希望出现这种情况，可以采用后面介绍的抵达（Arrive）行为，也可以另外添加一些处理步骤。

代码清单2-4　SteeringForSeek.cs

```
using UnityEngine;
using System.Collections;
public class SteeringForSeek : Steering
{
    //需要寻找的目标物体；
    public GameObject target;
    //预期速度；
    private Vector3 desiredVelocity;
    //获得被操控AI角色，以便查询这个AI角色的最大速度等信息；
    private Vehicle m_vehicle;
    //最大速度；
    private float maxSpeed;
    //是否仅在二维平面上运动；
    private bool isPlanar;
    void Start ()
    {
        //获得被操控AI角色，并读取AI角色允许的最大速度，是否仅在平面上运动；
        m_vehicle = GetComponent<Vehicle>();
        maxSpeed = m_vehicle.maxSpeed;
        isPlanar = m_vehicle.isPlanar;
    }
    //计算操控向量（操控力）；
    public override Vector3 Force()
    {
        //计算预期速度；
        desiredVelocity = (target.transform.position - transform.position).normalized * maxSpeed;
        if (isPlanar)
```

```
            desiredVelocity.y = 0;

        //返回操控向量,即预期速度与当前速度的差;
        return (desiredVelocity - m_vehicle.velocity);
    }
}
```

运行示例Example1_Seek.exe,(也可以自己建立场景,首先创建一个平面,设定一个目标点(例如图2.4中的小球)删除它的碰撞体,然后添加AI角色,并为它加上Character Controller组件、AILocomotion.cs脚本和SteeringForSeek.cs脚本),可以看到,AI角色正在接近目标。当它到达目标后,由于惯性的存在,会穿过目标、转向、再次接近目标。

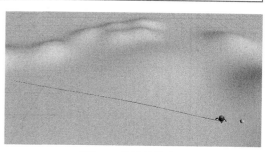

图2.4 靠近行为演示

2.2.2 离开

离开和靠近行为正好相反,它产生一个操控AI角色离开目标的力,而不是靠近目标的力。它们之间唯一的区别是DesiredVelocity具有相反的方向。参见图2.3中的离开操控力和离开路径。

接着,还可以进一步调整,只有当AI角色进入目标周围一定范围内时,才产生离开的力,这样可以模拟出AI角色的有限感知范围。

这里采用了Vector3.Distance函数来计算当前位置与目标位置之间的距离。事实上,如果采用Vector3.sqrMagnitude函数,将会得到更快的计算速度,因为省去了计算平方根的时间,这时可以预先计算fearDistance的平方并存储到一个变量中。

代码清单2-5 SteeringForFlee.cs

```
using UnityEngine;
using System.Collections;
public class SteeringForFlee : Steering
{
    public GameObject target;
    //设置使AI角色意识到危险并开始逃跑的范围;
    public float fearDistance = 20;
    private Vector3 desiredVelocity;
    private Vehicle m_vehicle;
    private float maxSpeed;
```

```
void Start ()
{
m_vehicle = GetComponent<Vehicle>();
maxSpeed = m_vehicle.maxSpeed;
}
public override Vector3 Force()
{
Vector3 tmpPos = new Vector3(transform.position.x, 0, transform.position.z);
Vector3 tmpTargetPos = new Vector3(target.transform.position.x, 0, target.transform.position.z);
//如果AI角色与目标的距离大于逃跑距离，那么返回0向量；
if (Vector3.Distance(tmpPos, tmpTargetPos) > fearDistance)
    return new Vector3(0,0,0);
//如果AI角色与目标的距离小于逃跑距离，那么计算逃跑所需的操控向量；
desiredVelocity = (transform.position - target.transform.position).normalized * maxSpeed;
return (desiredVelocity - m_vehicle.velocity);
}
}
```

运行示例Example2_Flee.exe，如图2.5所示。可以看到当AI角色距离目标小于逃跑距离时，它会沿着与目标相反方向跑开。

2.2.3 抵达

有时我们希望AI角色能够减速并停到目标位置，避免冲过目标，例如，车辆在接近十字路口时逐渐减速，然后停在路口处，这时就需要用到抵达行为。

在角色距离目标较远时，抵达与靠近行为的状态是一样的，但是接近目标时，不再是全速向目标移动，而代之以使AI角色减速，直到最终恰好停在目标位置，如图2.6所示。何时开始减速是通过参数进行设置的，这个参数可以看成是停止半径。当角色在停

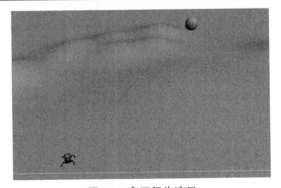

图2.5　离开行为演示

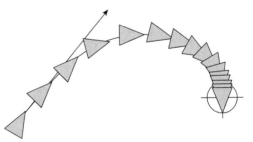

图2.6　抵达行为

止半径之外时，以最大速度移动；当角色进入停止半径之内时，逐渐减小预期速度，直到减小为0。这个参数的设置很关键，它决定了抵达行为的最终效果。

代码清单2-6 SteeringForArrive.cs

```csharp
using UnityEngine;
using System.Collections;
public class SteeringForArrive : Steering
{
    public bool isPlanar = true;
    public float arrivalDistance = 0.3f;
    public float characterRadius = 1.2f;
    //当与目标小于这个距离时，开始减速;
    public float slowDownDistance;
    public GameObject target;
    private Vector3 desiredVelocity;
    private Vehicle m_vehicle;
    private float maxSpeed;
    void Start ()
    {
        m_vehicle = GetComponent<Vehicle>();
        maxSpeed = m_vehicle.maxSpeed;
        isPlanar = m_vehicle.isPlanar;
    }
    public override Vector3 Force()
    {
        //计算AI角色与目标之间的距离;
        Vector3 toTarget = target.transform.position - transform.position;
        //预期速度;
        Vector3 desiredVelocity;
        //返回的操控向量;
        Vector3 returnForce;
        if (isPlanar)
            toTarget.y = 0;
        float distance = toTarget.magnitude;
        //如果与目标之间的距离大于所设置的减速半径;
        if (distance > slowDownDistance)
        {
            //预期速度是AI角色与目标点之间的距离;
            desiredVelocity = toTarget.normalized * maxSpeed;
            //返回预期速度与当前速度的差;
```

```
                returnForce = desiredVelocity - m_vehicle.velocity;
            }
            else
            {
                //计算预期速度,并返回预期速度与当前速度的差;
                desiredVelocity = toTarget - m_vehicle.velocity;
                //返回预期速度与当前速度的差;
                returnForce = desiredVelocity - m_vehicle.velocity;
            }
            return returnForce;
    }
    void OnDrawGizmos()
    {
        //在目标周围画白色线框球,显示出减速范围;
        Gizmos.DrawWireSphere(target.transform.position, slowDownDistance);
    }
}
```

运行示例Example3_Arrival.exe,如图2.7所示。可以看出,AI角色的确从进入减速区域后开始减速,并且稳稳地停在了目标点!

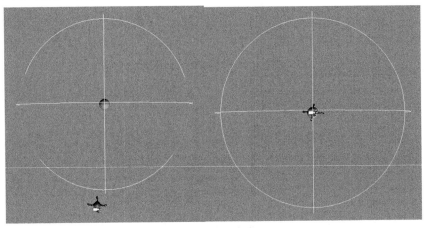

图2.7　抵达行为演示

2.2.4　追逐

追逐行为与靠近行为很相似,只不过目标不再是静止不动,而是另一个可移动的角色。最简单的追逃方式是直接向目标的当前位置靠近,不过这样看上去很不真实。举例来说,大家都知道,当动物追逐猎物的时候,绝不是直接向猎物的当前位置奔跑,而是预测猎物的未来位置,然后向着未来位置的方向追去,这样才能在最短时间内追上猎物。在AI中,把这种操控行为称为"追逐"。

图2.8中画出了被追逐的目标体，图中表明了它的当前位置和一段时间之后的预测位置，还画出了追逐者、它的当前速度和方向以及实际追逐路径。可以看出，追逐是朝向未来位置，而不是朝向当前位置的。

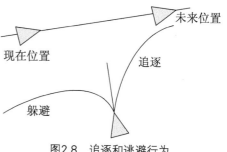

图2.8　追逐和逃避行为

怎样实现这种智能的追逐行为呢？我们可以使用一个简单的预测器，在每一帧重新计算它的值。假设采用一个线性预测器，又假设在预测间隔T时间内角色不会转向，角色经过时间T之后的未来位置可以用当前速度乘以T来确定，然后把得到的值加到角色的当前位置上，就可以得到预测位置了。最后，再以预测位置作为目标，应用靠近行为就可以了。

实现追逐行为的一个关键是如何确定预测间隔T。可以把它设为一个常数，也可以当追逐者距离目标较远时设为较大的值，而接近目标时设为较小的值。

这里，设定预测时间和追逐者与逃避者之间的距离成正比，与二者的速度成反比。

一些情况下，追逐可能会提前结束。例如，如果逃避者在前面，几乎面对追逐者，那么追逐者应该直接向逃避者的当前位置移动。二者之间的关系可以通过计算逃避者朝向向量与AI角色朝向向量的点积得到，在下面代码中，逃避者朝向的反向和AI角色的朝向必须大约在20度范围之内，才可以被认为是面对着的。

> **注意**：背景知识：在二维空间中，向量a＝（a1,a2）与向量b＝（b1,b2）的点积（也称为"内积"）为：$a \cdot b = a_1 b_1 + a_2 b_2 = |a||b|\cos\theta$。其中$|a|$表示向量a的长度，$\theta$是两个向量之间的夹角。当两个向量都是单位向量时（即长度为1），那么它们之间的点积实际上就是这两个向量之间夹角的余弦；若两个非零向量的点积为负，那么两个向量之间的夹角大于90度；如果点积为0，那么两个向量相互垂直；如果点积为正，那么两个向量之间的夹角小于90度。

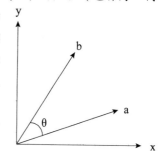

代码清单2-7　SteeringForPursuit.cs

```
using UnityEngine;
using System.Collections;
public class SteeringForPursuit : Steering
{
    public GameObject target;
    private Vector3 desiredVelocity;
    private Vehicle m_vehicle;
    private float maxSpeed;
```

```csharp
void Start()
{
    m_vehicle = GetComponent<Vehicle>();
    maxSpeed = m_vehicle.maxSpeed;
}
public override Vector3 Force()
{
    Vector3 toTarget = target.transform.position - transform.position;
    //计算追逐者的前向与逃避者前向之间的夹角;
    float relativeDirection = Vector3.Dot(transform.forward, 
    target.transform.forward);
    //如果夹角大于0,且追逐者基本面对着逃避者,那么直接向逃避者当前位置移动;
    if ((Vector3.Dot(toTarget, transform.forward) > 0) && 
    (relativeDirection < -0.95f))
    {
        //计算预期速度;
        desiredVelocity = (target.transform.position - transform.
        position).normalized * maxSpeed;
        //返回操控向量;
        return (desiredVelocity - m_vehicle.velocity);
    }
    //计算预测时间,正比于追逐者与逃避者的距离,反比于追逐者和逃避者的速度和;
    float lookaheadTime = toTarget.magnitude / (maxSpeed + target.
    GetComponent<Vehicle>().velocity.magnitude);
    //计算预期速度;
    desiredVelocity = (target.transform.position + target.
    GetComponent<Vehicle>().velocity * lookaheadTime - transform.
    position).normalized * maxSpeed;
    //返回操控向量;
    return (desiredVelocity - m_vehicle.velocity);
}
```

运行示例场景Example4_Pursuit,如图2.9所示。追逐者从A点出发,此时被追逐者正从B点向目标小球前进,经过一段时间后,追逐者走过的路线是从A到C,而被追逐者走过的路线是从B到D。可以看出,追逐者沿着预测的方向进行追逐。

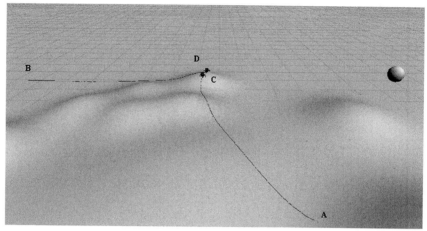

图2.9 追逐行为演示

2.2.5 逃避

逃避行为是指使猎物躲避捕猎者。举例来说，鹿被狼追逐，鹿要不断变换逃跑方向，试图逃离狼预测的追逐方向。

逃避行为与追逐行为的不同是它试图使AI角色逃离预测位置。实现追逐行为的一个关键是如何确定预测间隔T，可以把它设为一个常数，也可以当AI角色距离目标较远时，设为较大的值，而接近目标时，设为较小的值。

代码清单2-8　SteeringForEvade.cs

```
using UnityEngine;
using System.Collections;
public class SteeringForEvade : Steering
{
    public GameObject target;
    private Vector3 desiredVelocity;
    private Vehicle m_vehicle;
    private float maxSpeed;
    void Start ()
    {
        m_vehicle = GetComponent<Vehicle>();
        maxSpeed = m_vehicle.maxSpeed;
    }
    public override Vector3 Force()
    {
        Vector3 toTarget = target.transform.position - transform.position;
```

```
        //向前预测的时间;
        float lookaheadTime = toTarget.magnitude / (maxSpeed + target.
        GetComponent<Vehicle>().velocity.magnitude);
        //计算预期速度;
        desiredVelocity = (transform.position - (target.transform.position +
        target.GetComponent<Vehicle>().velocity * lookaheadTime)).normalized
        * maxSpeed;
        //返回操控向量;
        return (desiredVelocity - m_vehicle.velocity);
    }
}
```

运行示例Example5_Evade.exe，如图2.10所示。这里追逐者从A点出发开始追逐，而被追逐者从B点出发。对于被追逐者B，首先激活靠近行为走向目标位置，5秒之后到达D点，此时关闭靠近行为，激活逃避行为，开始逃避追逐者。在这段时间内，追逐者走过的路线是从A到C，而被追逐者是从B到D（此时是靠近行为），然后从D到E（逃避行为）。

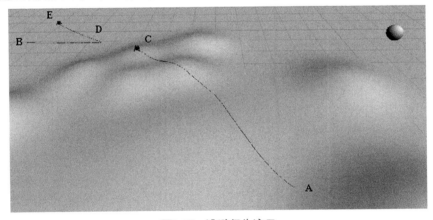

图2.10　逃避行为演示

2.2.6　随机徘徊

许多时候，人们需要让游戏中的角色在游戏环境中随机移动（如巡逻的士兵、惬意吃草的牛羊等），就像这些角色是在等待某些事情发生，或者是在寻找什么东西。当角色出现在玩家的视线范围内时，人们通常希望这种随机移动看上去是真实的，如果玩家发现角色实际上是在沿着预先定义好的路径移动，就会有不真实的感觉，那么便会影响到他的游戏体验。

随机徘徊操控行为就是让角色产生有真实感的随机移动。这会让玩家感觉到角色是有生命的，而且正在到处移动。

利用操控行为来实现随机徘徊有多种不同的方法，最简单的方式是利用前面所提到的靠近（Seek）行为。在游戏场景中随机地放置目标，让角色靠近目标，这样AI角色就会向目标移动，如果每隔一定时间（如几秒）就改变目标的位置，这样角色就永远靠近目标而又不能到达目标（即使到达，目标也会再次移动）。这个方法很简单，粗略地看上去也很不错，但是最终结果可能不尽如意。角色有时会突然掉头，因为目标移动到了它的后面。Craig Reynolds提出的随机徘徊操控行为解决了这个问题。（见参考文献［3］）

解决问题的工作原理同内燃机的气缸曲轴传动相似，见图2.11所示。在角色（气缸）通过连杆联结到曲轴上，目标被限定曲轴圆周上，移向目标（利用靠近行为）。为了看得更似随机徘徊，每帧给目标附加一个随机的位移，这样，目标便会沿着圆周不停地移动。将目标限制在这个圆周上，是为了对角色进行限制，使之不至于突然改变路线。这样，如果角色现在是在向右移动，下一时刻它仍然是在向右移动，只不过与上一时刻相比，有了一个小的角度差。利用不同的连杆长度（Wander距离）、角色到圆心的距离（Wander半径）、每帧随机偏移的大小，就可以产生各种不同的随机运动，像巡逻的士兵、惬意吃草的牛羊等。

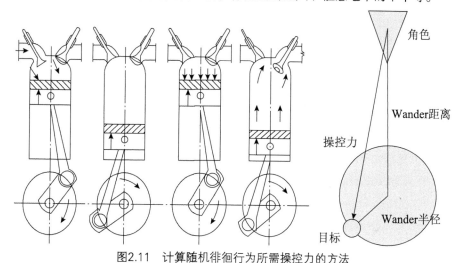

图2.11　计算随机徘徊行为所需操控力的方法

代码清单2-9　SteeringForWander.cs

```
using UnityEngine;
using System.Collections;
//需要注意，这个函数的效果与帧率相关；
public class SteeringForWander : Steering
{
    //徘徊半径，即Wander圈的半径；
    public float wanderRadius;
    //徘徊距离，即Wander圈凸出在AI角色前面的距离；
    public float wanderDistance;
    //每秒加到目标的随机位移的最大值；
    public float wanderJitter;
```

```csharp
public bool isPlanar;
private Vector3 desiredVelocity;
private Vehicle m_vehicle;
private float maxSpeed;
private Vector3 circleTarget;
private Vector3 wanderTarget;
void Start()
{
    m_vehicle = GetComponent<Vehicle>();
    maxSpeed = m_vehicle.maxSpeed;
    isPlanar = m_vehicle.isPlanar;
    //选取圆圈上的一个点作为初始点;
    circleTarget = new Vector3(wanderRadius*0.707f, 0, wanderRadius * 0.707f);
}
public override Vector3 Force()
{
    //计算随机位移;
    Vector3 randomDisplacement = new Vector3((Random.value-0.5f)*2*wanderJitter, (Random.value-0.5f)*2*wanderJitter,(Random.value-0.5f)*2*wanderJitter);
    if (isPlanar)
        randomDisplacement.y = 0;
    //将随机位移加到初始点上,得到新的位置;
    circleTarget += randomDisplacement;
    //由于新位置很可能不在圆周上,因此需要投影到圆周上;
    circleTarget = wanderRadius * circleTarget.normalized;
    //之前计算出的值是相对于AI角色和AI角色的向前方向的,需要转换为世界坐标;
    wanderTarget = m_vehicle.velocity.normalized * wanderDistance + circleTarget + transform.position;
    //计算预期速度,返回操控向量;
    desiredVelocity=(wanderTarget - transform.position).normalized * maxSpeed;
    return (desiredVelocity - m_vehicle.velocity);
}
}
```

运行示例场景Example6_BotsWander，如图2.12所示。其中有5个AI角色，它们都采用了徘徊行为，但具有不同的参数设置。如前所述，通过改变程序中的wanderRadius、wanderDistance和wanderJitter的值，会得到不同特点的曲线：有的变化平缓，有的会产生急剧的转弯。可以看出，不同的参数设置得到不同特点的徘徊曲线。

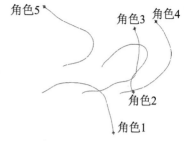

图2.12　随机徘徊行为实验中多次得到的不同徘徊曲线

2.2.7　路径跟随

就像赛车在赛道上需要导航一样，路径跟随会产生一个操控力，使AI角色沿着预先设置的轨迹，构成路径的一系列路点移动。

最简单的跟随路径方式是将当前路点设置为路点列表中的第1个路点，用靠近行为产生操控力来靠近这个路点，直到非常接近这个点；然后寻找下一个路点，设置为当前路点，再次接近它。重复这样的过程直到到达路点列表中的最后一个路点，再根据需要决定是回到第1个路点，还是停止到这最后一个路点上，如图2.13所示。

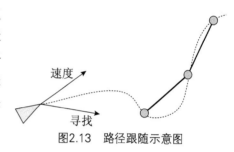

图2.13　路径跟随示意图

这里假设路径是开放的，角色需要减速停止到最后一个路点上，因此需要用到抵达行为和路径跟随行为。

有时路径有起点和终点，有时路径是循环的，是一个永不结束的封闭路径。如果路径是封闭的，那么需要回到起点重新开始；如果是开放的，那么AI角色需要减速（利用抵达行为）停到最后一个路点上。

在实现路径跟随行为时，需要设置一个"路点半径（radius）"参数，即当AI角色距离当前路点多远时，可以认为它已经到达当前路点，从而继续向下一个路点前进。这个参数的设置会引起路径形状的变化，如图2.14所示。

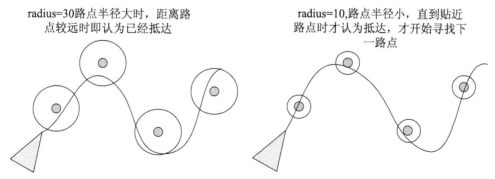

图2.14　路点半径的影响

代码清单2-10　SteeringFollowPath.cs

```csharp
using UnityEngine;
using System.Collections;
public class SteeringFollowPath : Steering
{
    //由节点数组表示的路径;
    public GameObject[] waypoints = new GameObject[4];
    //目标点;
    private Transform target;
    //当前的路点;
    private int currentNode;
    //与路点的距离小于这个值时，认为已经到达，可以向下一个路点触发;
    private float arriveDistance;
    private float sqrArriveDistance;
    //路点的数量;
    private int numberOfNodes;
    //操控力;
    private Vector3 force;
    //预期速度;
    private Vector3 desiredVelocity;
    private Vehicle m_vehicle;
    private float maxSpeed;
    private bool isPlanar;
    //当与目标小于这个距离时，开始减速;
    public float slowDownDistance;
    void Start ()
    {
        //存储路点数组中的路点个数
        numberOfNodes = waypoints.Length;
        m_vehicle = GetComponent<Vehicle>();
        maxSpeed = m_vehicle.maxSpeed;
        isPlanar = m_vehicle.isPlanar;
        //设置当前路点为第0个路点;
        currentNode = 0;
        //设置当前路点为目标点;
        target = waypoints[currentNode].transform;
        arriveDistance = 1.0f;
```

```csharp
        sqrArriveDistance = arriveDistance * arriveDistance;
}
public override Vector3 Force()
{
    force = new Vector3(0,0,0);
    Vector3 dist = target.position - transform.position;
    if (isPlanar)
        dist.y = 0;
    //如果当前路点已经是路点数组中的最后一个;
    if (currentNode == numberOfNodes - 1)
    {
        //如果与当前路点的距离大于减速距离;
        if (dist.magnitude > slowDownDistance)
        {
            //求出预期速度;
            desiredVelocity = dist.normalized * maxSpeed;
            //计算操控向量;
            force = desiredVelocity - m_vehicle.velocity;
        }
        else
        {
            //与当前路点距离小于减速距离,开始减速,计算操控向量;
            desiredVelocity = dist - m_vehicle.velocity;
            force = desiredVelocity - m_vehicle.velocity;
        }
    }
    else
    {
        //当前路点不是路点数组中的最后一个,即正走向中间路点;
        if (dist.sqrMagnitude < sqrArriveDistance)
        {
            //如果与当前路点距离的平方小于到达距离的平方,
            //可以开始靠近下一个路点,将下一个路点设置为目标点;
            currentNode ++;
            target = waypoints[currentNode].transform;
        }
```

```
            //计算预期速度和操控向量;
            desiredVelocity = dist.normalized * maxSpeed;
            force = desiredVelocity - m_vehicle.velocity;

        }
        return force;
    }
}
```

场景设置及运行结果

步骤1：新建一个场景，创建一个平面作为地面，然后设置一些路点。这里为了清楚地显示出路点，通过创建小立方体来表示每个路点。把小立方体拖到合适的位置。注意要在每个小立方体的Inspector面板中删掉Box Collider，否则AI角色会和代表路点的小立方体发生碰撞。

步骤2：将带动画的AI角色模型拖到场景中，为它加上Character Controller，然后加上AILocomotion.cs脚本和SteeringFollowPath.cs脚本，如图2.15（a）所示。然后，为它创建一个Prefab，然后利用这个Prefab，在场景中添加多个AI角色。做好的游戏场景的Hierarchy面板如图2.15（b）所示。

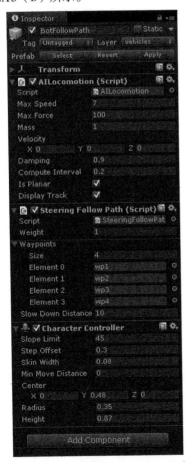
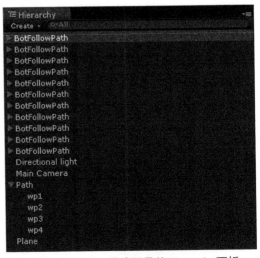

图2.15（a）　AI角色的Inspector面板　　　　图2.15（b）　游戏场景的Hierarchy面板

参见图2.16，图中的小方块是设置的4个路点，黑色的线是AI角色走过的轨迹。

可以看出，采用如上操控方式进行路径跟随，产生的路径很自然，呈现出曲线而不是多段线段的样子，看上去更加真实。

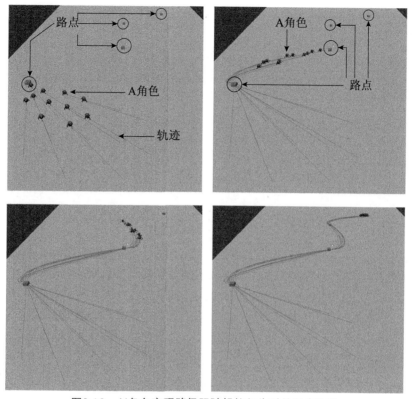

图2.16　AI角色实现路径跟随操控行为时的行走轨迹

2.2.8 避开障碍

避开障碍行为是指操控AI角色避开路上的障碍物，例如在动物奔跑时避免与树、墙碰撞。当AI角色的行进路线上发现比较近的障碍时，产生一个"排斥力"，使AI角色远离这个障碍物；当前方发现多个障碍物时，只产生躲避最近的障碍物的操控力，如图2.17所示。这样，AI角色就会一个接一个地躲避这些障碍物。

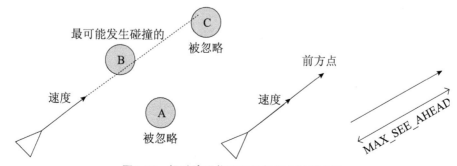

图2.17　躲避障碍物所需的操控力计算方法

在这个算法中，首先需要发现障碍物。每个AI角色唯一需要担心的障碍物就是挡在它行进路线前方的那些物体，其他远离的障碍物可以不必考虑。该算法的分析步骤如下。

（1）速度向量代表了AI角色的行进方向，可以利用这个速度向量生成一个新的向量ahead，它的方向与速度向量一致，但长度有所不同。这个ahead向量代表了AI角色的视线范围，其计算方法为：

ahead = position + normalize（velocity）× MAX_SEE_AHEAD

ahead向量的长度（MAX_SEE_AHEAD）定义了AI角色能看到的距离。MAX_SEE_AHEAD的值越大，AI角色看到障碍的时间就越早，因此，它开始躲避障碍的时间也越早。

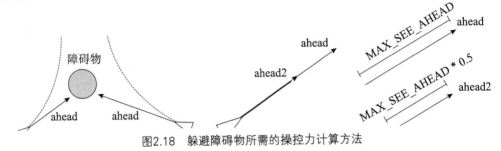

图2.18　躲避障碍物所需的操控力计算方法

（2）每个障碍物都要用一个几何形状来表示，这里采用包围球来标识场景中的每个障碍。

一种可能的方法是检测从AI角色向前延伸的ahead向量与障碍物的包围球是否相交。这种方法当然可以，但这里采用简化的方法，更容易理解，且能够达到相似的效果。

这里还需要一个向量ahead2，这个向量与ahead向量的唯一区别是：ahead2的长度是ahead的一半，如图2.18所示。计算方法如下。

ahead = position + normalize（velocity）× MAX_SEE_AHEAD × 0.5

（3）接下来进行一个碰撞检测，来测试这两个向量是否在障碍物的包围球内。方法很简单，只需要比较向量的终点与球心的距离d就可以了。如果距离小于或等于球的半径，那么就认为向量在包围球内，即AI角色将会和包围球发生碰撞，如图2.19（a）所示（图中省略了ahead2向量）。

如果ahead与ahead2中的任一向量在包围球内，那么就说明障碍物挡在前方。

如果有多个障碍挡住了路，那么选择最近的那个障碍（即"威胁最大"的那个）进行计算。

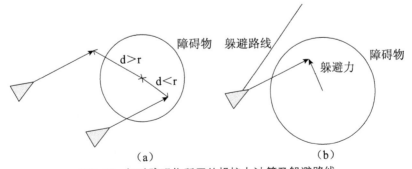

图2.19　躲避障碍物所需的操控力计算及躲避路线

（4）接下来，计算能够将AI角色推离障碍物的操控力。可以利用球心和ahead这两个向量计算，方法如下：

avoidance_force = ahead − obstacle_center

avoidance_force = normalize（avoidance_force）× MAX_AVOID_FORCE

这里，MAX_AVOID_FORCE用于决定操控力的大小，值越大，将AI角色推离障碍物的力就越大。

图2.19（b）中，虚线显示出了AI角色避开障碍后的新行进路线。

采用这种方法的缺点是，当AI角色接近障碍而操控力正使它远离的时候，即使AI角色正在旋转，也可能会检测到碰撞。一种改进方法是根据AI角色的当前速度调整ahead向量，计算方法如下。

dynamic_length = length（velocity）/ MAX_VELOCITY

ahead = position + normalize（velocity）× dynamic_length

这时，dynamic_length变量的范围是0~1，当AI角色全速移动时，dynamic_length的值是1。

代码清单2-11　SteeringForCollisionAvoidance.cs

```
using UnityEngine;
using System.Collections;
public class SteeringForCollisionAvoidance : Steering
{
    public bool isPlanar;
    private Vector3 desiredVelocity;
    private Vehicle m_vehicle;
    private float maxSpeed;
    private float maxForce;
    //避免障碍所产生的操控力;
    public float avoidanceForce;
    //能向前看到的最大距离;
    public float MAX_SEE_AHEAD = 2.0f;
    //场景中的所有碰撞体组成的数组;
    private GameObject[] allColliders;
    void Start ()
    {
        m_vehicle = GetComponent<Vehicle>();
        maxSpeed = m_vehicle.maxSpeed;
        maxForce = m_vehicle.maxForce;
        isPlanar = m_vehicle.isPlanar;
        //如果避免障碍所产生的操控力大于最大操控力，将它截断到最大操控力;
        if (avoidanceForce > maxForce)
            avoidanceForce = maxForce;
        //存储场景中的所有碰撞体，即Tag为obstacle的那些游戏体;
```

```csharp
        allColliders = GameObject.FindGameObjectsWithTag("obstacle");
}
public override Vector3 Force()
{
    RaycastHit hit;
    Vector3 force = new Vector3(0,0,0);
    Vector3 velocity = m_vehicle.velocity;
    Vector3 normalizedVelocity = velocity.normalized;
    //画出一条射线,需要考查与这条射线相交的碰撞体
    Debug.DrawLine(transform.position, transform.position + normalizedVelocity * MAX_SEE_AHEAD * (velocity.magnitude / maxSpeed));
    if (Physics.Raycast(transform.position, normalizedVelocity, out hit, MAX_SEE_AHEAD * velocity.magnitude / maxSpeed))
    {
        //如果射线与某个碰撞体相交,表示可能与该碰撞体发生碰撞;
        Vector3 ahead = transform.position + normalizedVelocity * MAX_SEE_AHEAD * (velocity.magnitude / maxSpeed);
        //计算避免碰撞所需的操控力;
        force = ahead - hit.collider.transform.position;
        force *= avoidanceForce;
        if (isPlanar)
            force.y = 0;
        //将这个碰撞体的颜色变为绿色,其他的都变为灰色;
        foreach (GameObject c in allColliders)
        {
            if (hit.collider.gameObject == c)
            {
                c.renderer.material.color = Color.black;
            }
            else
                c.renderer.material.color = Color.white;
        }
    }
    else
    {
        //如果向前看的有限范围内,没有发生碰撞的可能;
        //将所有碰撞体设为灰色;
        foreach (GameObject c in allColliders)
```

```
            {
                c.renderer.material.color = Color.white;
            }
        }
        //返回操控力;
        return force;
    }
}
```

场景设置与实验结果

步骤1：新建一个场景，创建一个平面以供AI角色行走，创建一些球体作为障碍物，创建obstacle tag，然后为这些球体障碍物选择obstacle tag。另外，稍微调大这些球体的Sphere Collider尺寸，以便留有一些余量（这在实际中是可选的）。

为了有更好的演示效果，可以为球体加上颜色变化。如当AI角色检测到可能会与球体发生碰撞时，球体变为黑色；当AI角色改变路线，这个球体不再是它前方的障碍时，球体重新变为白色；如果AI角色没能避开障碍，与球体相撞，那么球体变为红色；当不再碰撞时，重新变为灰色。这些变化设置是通过为球体添加ColliderColorChange.cs脚本实现的。另外，由于球体要检测碰撞，需要调用OnTriggerEnter函数，因此，还需要为它加上Rigidbody组件，并选择IS Kinematic。图2.20是障碍物和AI角色的Inspector面板。

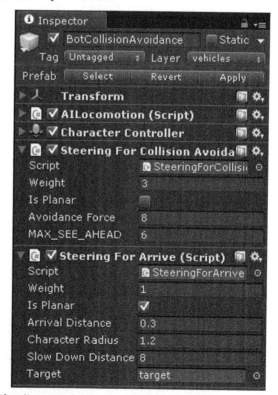

图2.20　障碍物和AI角色的Inspector面板

代码清单2-12　ColliderColorChange.cs

```csharp
using UnityEngine;
using System.Collections;
public class ColliderColorChange : MonoBehaviour
{
    void Start () {
    }
    void Update () {
    }
    void OnTriggerEnter (Collider other)
    {
        //如果与其他碰撞体碰撞，那么碰撞体变成红色；
        print ("collide0!");
        if (other.gameObject.GetComponent<Vehicle>() != null)
        {
            print ("collide!");
            this.renderer.material.color = Color.red;
        }
    }
    void OnTriggerExit (Collider other)
    {
        //碰撞体变成灰色；
        this.renderer.material.color = Color.gray;
    }
}
```

图2.21中包围着球的白色线框表示为球附加的Sphere Collider。注意，这里稍微调大了它的尺寸，而不是使它正好与球的尺寸相符。

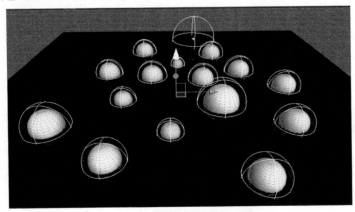

图2.21　为球体障碍物添加碰撞体

步骤2：为AI角色创建一个目标。这里只用一个小球，将它拖到希望的位置就可以了（注意要去掉它的Collider组件，以免AI角色到达时与它发生碰撞）。

步骤3：添加AI角色。将带动画的AI角色模型加入场景中，为它加上Character Controller组件，添加AILocomotion.cs脚本以控制它的运动，添加SteeringForCollisionAvoidance.cs脚本用来避免碰撞。另外，在到达目标时，希望AI角色能够减速，因此，还需要加上SteeringForArrive脚本。

完整场景的Hierarchy面板如图2.22所示。

运行场景，如图2.23所示。其中，黑色线为AI角色走过的路线；黑色的球说明AI角色被检测到可能与这个球发生碰撞，需要产生操控力避开；屏幕的远端为目标，包围目标的白色线框球说明AI角色会在进入这个范围内后开始减速。

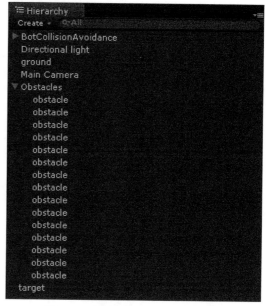

图2.22 游戏场景的Hierarchy面板

注：因本书为黑白印刷，示例程序演示时为括号内颜色（红、蓝）。

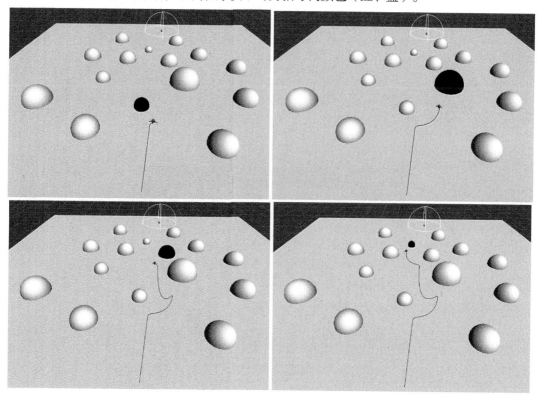

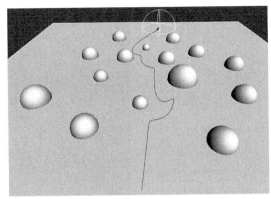

图2.23 避开障碍行为中的行走曲线

从图2.23中可以看到，AI角色很好地避开了路上的障碍，到达了目标点。如果不用这个避开障碍的脚本，结果将会是什么样的呢？

假如从AI角色的Inspector面板中删掉SteeringForCollisionAvoidance.cs脚本，再次运行场景，结果会如图2.24所示。其中黑（红）色的球说明AI角色与该球发生了碰撞。可以看出，AI角色直线行走到目标，两次与障碍物发生碰撞（曾为球体添加的Collider调大了尺寸）。

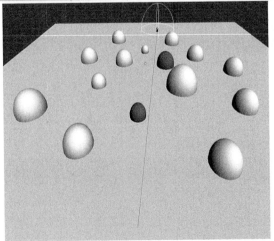

图2.24 未采用避开障碍行为时的行走曲线

> **注意：** 本节介绍的障碍躲避方法与下一章要讲到的寻路算法有所不同。寻路算法是事先根据障碍物的位置，计算出一条静态的可行走路线，而这里的障碍躲避方法是让AI角色在环境中移动，根据移动情况动态地躲避障碍，最终形成一条动态路线。它的缺点是对于躲避"L"或"T"形状的障碍物时工作得不太好。另外，在后面要讲到的组合行为中，当多个操控力一起作用在AI角色上时，最终决定AI角色运动状态的是一个合力，换句话说，任何操控力都不能单独决定AI角色的运动。因此，有些时候是无法完全避开障碍的，幸好这样的概率较小，对于大部分应用来说都是可以接受的。但如果游戏中需要保证完全不会撞上障碍物，那么操控行为并不是好的选择，更好的选择是采用寻路算法。

2.3 群体的操控行为

操控行为的强大之处就在于它对群体行为的模拟能力，本节将研究如何模拟群体的操控行为，例如群鸟的飞翔，如图2.25所示。

图2.25 鸟群的飞行

2.3.1 组行为

正如大多数人工生命仿真一样，组行为是展示操控行为的一个很好的例子，它的复杂性来源于个体之间的交互，并遵守一些简单的规则。

模仿群体行为需要下面几种操控行为（参见图2.26）。
- 分离（Separation）：避免个体在局部过于拥挤的操控力；
- 队列（Alignment）：朝向附近同伴的平均朝向的操控力；
- 聚集（Cohesion）：向附近同伴的平均位置移动的操控力。

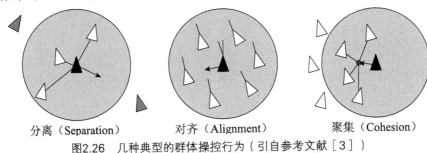

分离（Separation）　　　对齐（Alignment）　　　聚集（Cohesion）

图2.26　几种典型的群体操控行为（引自参考文献［3］）

2.3.2　检测附近的AI角色

从上面的几种操控行为可以看出，每种操控行为都决定角色对相邻的其他角色做出何种反应。为了实现组行为，首先需要检测位于当前AI角色"邻域"中的其他AI角色，这要用一个雷达脚本来实现。

如图2.27（a）所示，一个角色的邻域由一个距离和一个角度来定义如图中的灰色区域当其他角色位于这个灰色表示的邻域内时，便认为是AI角色的邻居，否则将会被忽略。这个灰色区域可以认为是AI角色的可视范围。有时为了简化，不考虑AI角色的可见范围，而只用一个圆来定义邻域。

在图2.27（b）中，白色的小三角表示当前操控的AI角色，灰色的圆显示它的邻域，因此，所有黑色的小三角是AI角色的邻居，而灰色的则不是。

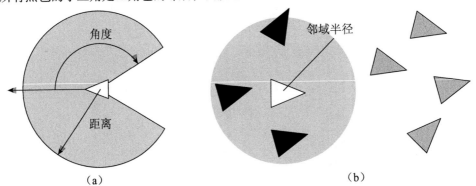

（a）　　　　　　　　　　　　　（b）

图2.27　检测当前AI角色的邻居（引自参考文献［3］）

代码清单2-13　Radar.cs

```
using UnityEngine;
using System.Collections;
using System.Collections.Generic;
```

```csharp
public class Radar : MonoBehaviour
{
    //碰撞体的数组;
    private Collider[] colliders;
    //计时器;
    private float timer = 0;
    //邻居列表;
    public List<GameObject> neighbors;
    //无需每帧进行检测,该变量设置检测的时间间隔;
    public float checkInterval = 0.3f;
    //设置邻域半径;
    public float detectRadius = 10f;
    //设置检测哪一层的游戏对象;
    public LayerMask layersChecked ;
    void Start ()
    {
    //初始化邻居列表;
        neighbors = new List<GameObject>();
        }
    void Update ()
    {
        timer += Time.deltaTime;
        //如果距离上次检测的时间大于所设置的检测时间间隔,那么再次检测;
        if (timer > checkInterval)
        {
            //清除邻居列表;
            neighbors.Clear();
            //查找当前AI角色邻域内的所有碰撞体;
            colliders = Physics.OverlapSphere(transform.position,
            detectRadius, layersChecked);
            //对于每个检测到的碰撞体,获取Vehicle组件,并且加入邻居列表中;
            for (int i=0; i < colliders.Length; i++)
            {
                if (colliders[i].GetComponent<Vehicle>())
                    neighbors.Add(colliders[i].gameObject);
            }
            //计时器归0;
```

```
            timer = 0;
        }
    }
}
```

当然，这只是一个简单的实现，使用时还可以进一步增加可视域的限制（只需测试AI角色的朝向向量与潜在邻居的向量之间的点积，就可以实现这个功能），甚至可以动态调整AI角色的可视域，例如，在战争游戏中，士兵的可视域可能会受到疲劳的影响，降低察觉环境的能力。

有了这个能探测邻近角色的方法之后，我们就可以考虑分离、队列、聚集这几种操控行为了。

2.3.3 与群中邻居保持适当距离——分离

分离行为的作用是使角色与周围的其他角色保持一定的距离，这样可以避免多个角色相互挤到一起。当分离行为应用在许多AI角色（如鸟群中的鸟）上时，它们将会向四周散开，尽可能地拉开距离。

在图2.28中，黑色的小三角表示当前的AI角色，它有三个邻居，用白色的小三角表示，分离行为会试图使AI角色与邻居保持一定的距离。图中黑色的箭头表示在三个邻居的"排斥"作用下，AI角色所受到的操控力。在这个操控力的作用下，AI角色会增大与三个邻居的距离，防止过于拥挤。

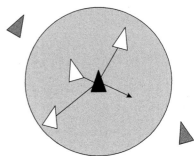

图2.28 分离行为的操控力

实现时，为了计算分离行为所需的操控力，首先要搜索指定邻域内的其他邻居（通过前面的脚本实现），然后对每个邻居，计算AI角色到该邻居的向量r，将向量r归一化（r / |r|，这里|r|表示向量r的长度），得到排斥力的方向，由于排斥力的大小是与距离成反比的，因此还需要除以|r|，得到该邻居对它的排斥力，即r / |r|2，然后把来自所有邻居的排斥力相加，就得到了分离行为的总操控力。

代码清单2-14　SteeringForSeparation.cs

```
using UnityEngine;
using System.Collections;
public class SteeringForSeparation : Steering
{
    //可接受的距离;
    public float comfortDistance = 1;
    //当AI角色与邻居之间距离过近时的惩罚因子;
    public float multiplierInsideComfortDistance = 2;
    void Start () {
```

```csharp
}
public override Vector3 Force()
{
    Vector3 steeringForce = new Vector3(0,0,0);
    //遍历这个AI角色的邻居列表中的每个邻居;
    foreach (GameObject s in GetComponent<Radar>().neighbors)
    {
        //如果s不是当前AI角色;
        if ((s!=null)&&(s != this.gameObject))
        {
            //计算当前AI角色与邻居s之间的距离;
            Vector3 toNeighbor = transform.position - s.transform.position;
            float length = toNeighbor.magnitude;
            //计算这个邻居引起的操控力(可以认为是排斥力,大小与距离成反比)
            steeringForce += toNeighbor.normalized / length;
            //如果二者之间距离大于可接受距离,排斥力再乘以一个额外因子;
            if (length < comfortDistance)
                steeringForce *= multiplierInsideComfortDistance;
        }
    }
    return steeringForce;
}
}
```

运行示例场景Example9_Separation,开始时在一个小范围内随机产生一些机器人,之后它们便彼此分开,一段时间之后,它们的位置相互分离,如图2.29所示。

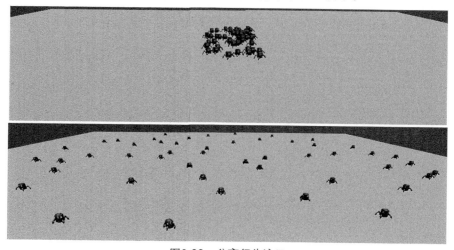

图2.29 分离行为演示

2.3.4 与群中邻居朝向一致——队列

队列行为试图保持AI角色的运动朝向与邻居一致，这样就会得到像鸟群朝着一个方向飞行的效果。

通过迭代所有邻居，可以求出AI角色朝向向量的平均值以及速度向量的平均值，得到想要的朝向，然后减去AI角色的当前朝向，就可以得到队列操控力。

如图2.30所示，中间的黑色小三角表示当前的AI角色，它当前的运动方向是尖端的灰色线指示的方向，周围的白色小三角表示它的邻居。通过计算得到这些邻居的平均朝向是中间黑小三角尖端的深色线指示的方向。这条深色线（目标朝向）与灰色线（当前朝向）之间的差值便是操控力的方向，即操控向量。

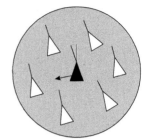

图2.30 队列行为的操控力

代码清单2-15 SteeringForAlignment.cs

```csharp
using UnityEngine;
using System.Collections;
public class SteeringForAlignment : Steering
{
    void Start () {
    }
    public override Vector3 Force()
    {
        //当前AI角色的邻居的平均朝向;
        Vector3 averageDirection = new Vector3(0,0,0);
        //邻居的数量;
        int neighborCount = 0;
        //遍历当前AI角色的所有邻居;
        foreach (GameObject s in GetComponent<Radar>().neighbors)
        {
            //如果s不是当前AI角色;
            if ((s!=null)&&(s != this.gameObject))
            {
                //将s的朝向向量加到averageDirection之中;
                averageDirection += s.transform.forward;
                //邻居数量加1;
                neighborCount++;
            }
```

```
            }
            //如果邻居数量大于0;
            if (neighborCount > 0)
            {
                //将累加得到的朝向向量除以邻居的个数,求出平均朝向向量;
                averageDirection /= (float)neighborCount;
                //平均朝向向量减去当前朝向向量,得到操控向量;
                averageDirection -= transform.forward;
            }
            return averageDirection;
        }
    }
```

运行示例场景Example9_Alignment,开始时几只海鸥的朝向各异,一段时间之后朝向接近,如图2.31所示。需要注意的是,由于每个迭代步、每个角色都会根据其他邻居的朝向调整自身的朝向,并且由于惯性产生过冲,因此结果可能会不太稳定。

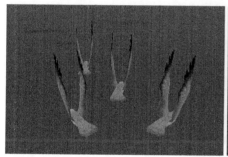 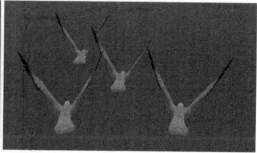

图2.31 队列行为演示

队列行为对于集群并不是必须的,使用与否取决于具体应用。例如飞向目标的群鸟、沿着道路同向行驶的汽车就用到了队列行为。

2.3.5 成群聚集在一起——聚集

聚集行为产生一个使AI角色移向邻居的质心的操控力。这个操控力使得多个AI角色(如鸟)聚集到一起。

如图2.32所示,中心的黑色小三角表示当前正在处理的AI角色,灰色圆圈内的四个白色三角表示这个AI角色的4个邻居,与这4个邻居都有连接线的小点是这4个邻居位置的平均值,从黑色小三角指向这个小点的箭头表示作用于AI角色的操控力。

实现时,迭代所有邻居求出AI角色位置的平均值,然后利用靠近行为,将这个平均值作为目标位置。

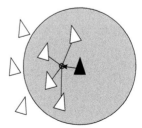

图2.32 聚集行为的操控力

代码清单2-16　SteeringForCohesion.cs

```csharp
using UnityEngine;
using System.Collections;
public class SteeringForCohesion : Steering
{
    private Vector3 desiredVelocity;
    private Vehicle m_vehicle;
    private float maxSpeed;
    void Start () {
        m_vehicle = GetComponent<Vehicle>();
        maxSpeed = m_vehicle.maxSpeed;
    }
    public override Vector3 Force()
    {
        //操控向量;
        Vector3 steeringForce = new Vector3(0,0,0);
        //AI角色的所有邻居的质心, 即平均位置;
        Vector3 centerOfMass = new Vector3(0,0,0);
        //AI角色的邻居的数量;
        int neighborCount = 0;
        //遍历邻居列表中的每个邻居;
        foreach (GameObject s in GetComponent<Radar>().neighbors)
        {
            //如果s不是当前AI角色;
            if ((s!=null)&&(s != this.gameObject))
            {
                //累加s的位置;
                centerOfMass += s.transform.position;
                //邻居数量加1;
                neighborCount++;
            }
        }
        //如果邻居数量大于0;
        if (neighborCount > 0)
        {
            //将位置的累加值除以邻居数量, 得到平均值;
            centerOfMass /= (float)neighborCount;
```

```
            //预期速度为邻居位置平均值与当前位置之差；
            desiredVelocity = (centerOfMass - transform.position).normalized
            * maxSpeed;
            //预期速度减去当前速度，求出操控向量；
            steeringForce = desiredVelocity - m_vehicle.velocity;
        }
        return steeringForce;
    }
}
```

运行示例场景Example9_Cohesion。开始时在平面上随机产生一些机器人AI角色，一段时间之后，它们聚集于3处，如图2.33所示。这里，聚集的程度取决于Radar.cs脚本中DetectRadius参数的设置，如果这个值大，那么每个角色都会考虑到更多的邻居，结果是所有的角色聚到一处；而如果这个值较小，那么每个角色都只会考虑附近小范围内的邻居，结果是聚集到多处；这个值越小，得到的聚集点越多。

图2.33 聚集行为演示

2.4 个体与群体的操控行为组合

组行为的基础是分离、队列和聚集，根据实际需要，可以与前面的个体操控行为相结合，例如避开障碍、随机徘徊、靠近与抵达等，从而产生更复杂的行为。

1. 示例

如果想让角色从道路A上移动到B（路径跟随），在路上要避开障碍，还要避开其他角色（分离），就要将这三种行为组合起来。

如果想实现一个鹿群的行为，它们是群聚的（包括分离、聚集和队列），同时还在环境中随机徘徊，当然还要避开石头和树木（避开障碍）。另外，当它们遇到狼走近时就四处逃散（逃避），该怎么办呢？

前面介绍了一些基本的操控行为，可以实现追逐、逃避、路径跟随、聚集等行为。在实际应用中，为了得到理想的行为，常常将操控行为组合起来使用。当然，也可以直接把这些行为都加进去，但问题是，当AI角色在徘徊时，就不需要逃散，当逃散时，既不需要徘徊，也不需要聚集和队列等，这时该怎么办呢？

2. 解决方案

在AI角色的Vehicle类中，有一个steering的实例，可以通过它来动态开启或关闭某种行为，从而激活或注销这个行为。那么，如何决定开启或关闭不同行为的时间呢？这就需要在更高的决策层做出决定，这个决策层可以利用后面讲到的状态机来实现。例如：

如果与玩家的距离小于60米，AI角色的生命值大于80，那么追逐玩家；

如果与玩家的距离小于60米，AI角色的生命值小于80，那么逃避；

否则，在场景中徘徊。

那么，如何组合多个行为呢？最简单的方式是直接把各个行为所产生的操控力加到一起，这样得到的总操控力会反映出这些行为。

在Vehicle脚本的Update函数中，可以看到下面的代码：

```
foreach (Steering s in steerings)
{
    if (s.enabled)
        steeringForce += s.Force()*s.weight;
}
steeringForce = Vector3.ClampMagnitude(steeringForce,maxForce);
```

这段代码的目的是计算所有已激活行为的合力，当实现组合行为时，就会把所有的行为产生的操控力都考虑在内。但是，由于AI角色A有最大操控力maxForce的限制，不能简单地把所有的操控力加起来，这时就需要以某种方式截断这个总和，确保得到的值不超过最大力的限制。实现截断可以有不同的方法，最简单的方法称为加权截断总和。

加权截断总和会为每个操控力乘上一个权重，将它们加在一起，然后将结果截断到允许的最大操控力，也就是实现中所采用的方式，如图2.34所示。

这种方式很简单，但当操控力相互冲

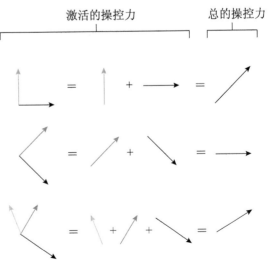

图2.34　如何计算多个操控行为的合力

突时,有时就会产生问题。例如,如果分离的操控力较大,而避开障碍的操控力较小,那么AI角色就可能会撞到障碍物上。解决办法是增加避开障碍的权重。但如果把这个权重调得过大,当AI角色单独接近障碍物时,又可能出现奇怪的行为,好像被障碍物大力推开了一样。

其他截断方式还有带优先级的加权截断累计、带优先级的抖动等方法,有兴趣的读者可自行查找相关文献,这里不做介绍。

2.5 几种操控行为的编程解析

2.5.1 模拟鸟群飞行

本节将在Unity3D中实现鸟群飞行的群体操控,如图2.35所示。

图2.35 在Unity3D中利用群体操控行为模拟鸟群飞行

1. 分析

模拟鸟群飞行时,我们希望鸟群看上去既不要像行军般单调一致,也不要像分子运动那样完全随机,这里的关键在于只设定了每只鸟(个体)的简单移动方式。每只鸟都有这样的行为模式:

- 避免挤到鸟群中去——分离
- 向鸟群的平均移动方向移动——队列
- 向鸟群的中心位置移动——聚集

这些简单的逻辑可以有非常好的效果,当鸟的数量非常多时,能够很好地模拟出鸟群在空中飞行的姿态。在一些3D游戏、电影大片中,都会采用这样的方法在背景中模拟出鸟群。通过这种方式,将简单的智能赋予每一个个体,然后让它们自己通过计算去形成群体的行为。这比预先去安排每一只鸟的飞行路线要显得更加优美和自然。

2. 场景设置

步骤1：这里需要一个海鸥的带动画模型，将它放到场景中，为它设置循环播放飞行的动画。当然，如果没有碰撞体的话，需要加上碰撞体。然后为它添加Rigidbody组件，选中is kinematic，然后为它添加一些脚本。

添加AILocomotion.cs脚本，通过它来控制海鸥的运动。这个脚本中唯一需要修改的地方是播放的动画名字。

添加Radar.cs脚本，来检测某个海鸥的所有邻居。接下来，加上分离、队列、聚集3种行为的脚本，就实现了一个最简单的集群。

> **提示**：最初Reynolds提出的集群是三个组行为（分离、队列和聚集）的组合，但是应用时，由于交通工具的可视范围是有限的，有可能出现某个交通工具与它的群集"隔绝"的情况，这时，它将停下来什么都不做。为了避免这种情况的发生，可以把随机徘徊行为也包含在内，这时，所有AI角色就都可以保持运动了！
>
> 实现集群行为时，参数的调整可以带来不同的效果，因此，要仔细地实验参数，以便达到要求的效果。

步骤2：创建一个空的prefab，将刚才设置好的海鸥拖到上面，作为海鸥个体的prefab，名称为"seagull"，如图2.36、图2.37所示。

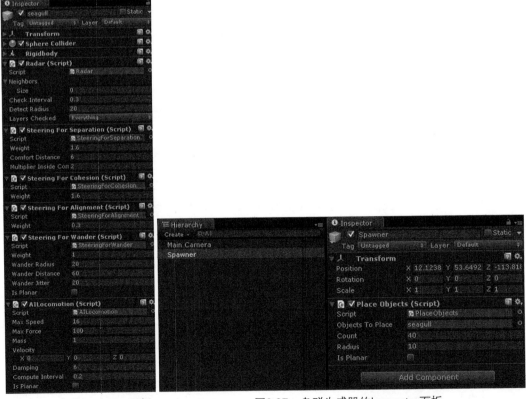

图2.36　鸟的Inspector面板　　　图2.37　鸟群生成器的Inspector面板

步骤3：向场景中添加一个空物体spawner，然后为它加上一个生成海鸥群的脚本PlaceObjects.cs。

代码清单2-17 PlaceObjects.cs

```csharp
using UnityEngine;
using System.Collections;
public class PlaceObjects : MonoBehaviour {
    public GameObject objectsToPlace;
    public int count;
    //海鸥的初始位置在一个半径为radius的球体内随机产生；
    public float radius;
    public bool isPlanar;
    void Awake()
    {
        Vector3 position = new Vector3(0,0,0);
        for (int i=0; i<count; i++)
        {
            position = transform.position + Random.insideUnitSphere * radius;
            if (isPlanar)
                position.y = objectsToPlace.transform.position.y;
            //实例化海鸥预置体；
            Instantiate(objectsToPlace, position , Quaternion.identity);
        }
    }
}
```

调整好相机的位置，现在海鸥集群场景就可以运行了。读者可以试着调整参数，观察产生的效果。

讨论：群集的移动既可以是混沌的（splitting groups and wild behaviour），也可以是有序的。这项技术可以为鸟和其他生物提供非常逼真的效果。正如人们看到的，群集行为是多种作用力共同产生的结果，当集群中具有多个成员时，每个成员都会受到来自其他成员的影响。例如，鸟群中的每一只鸟儿都飞往某个方向和具有某个位置，而周围的其他鸟儿也会注意到它的行为，进而调整自身的方向和位置；而草原上的一群分散开、各自觅食的水牛，当其中一只水牛发现捕猎者时发出警报，这时，它们会自发聚集到一起，小牛会向更大的水牛身边移动，而雄水牛会挡在水牛群和捕猎者之间。

个体的行为是自发的，但又是与其他成员相关的。随机觅食的水牛群中的多数水牛是看不到捕猎者的，因为它们正好朝向相反的方向，它们的安全依赖于对群体中其他成员行为的感知。一只耳聋的水牛听不到警报信号，除非它能看到，否则便不会对其他成员的行为做出反应。它的失败源于从同伴处得到的信息过少，因此它会表现出更明显的个体行为，相应地减弱了群体行为。

基于规则的集群模型可以创造出逼真的效果，具有复杂的行为，适合于低密度和中密度群体，这些群体成员的运动和行为由规则决定。基于规则的集群模型最初是用于仿真简单的、一致性高的群体，对于人类，可能希望体现出更多的个性和细节，而不仅仅是像远距离观察空中飞翔的鸟儿那样。在这种情况下，这个简单模型不适合对个体之间的接触进行建模，因为它们主要是用来避免碰撞的。当接触无法避免时，人类通常会向两边迈步，以避免碰撞，或者压根儿就不躲避，而是跟随在人群中彼此推搡。对于人类群体的仿真，最好利用下一章讲到的A Pathfinding Project插件中的RVO模块，它很好地实现了人类群体的避免碰撞行为。

2.5.2 多AI角色障碍赛

1. 目标

前面介绍的是单个AI角色的障碍避免实现，现在再来做一个多AI角色的障碍避免的例子。在这个例子中，AI角色会避开障碍物（球体），还会相互避开。

2. 场景设置

步骤1：场景与前面单个AI角色的障碍避免很相似，在原来的那个AI角色的基础上，再加上脚本Radar和SteeringForSeparation.cs，然后拖到一个Prefab中。Inspector面板如图2.38、图2.39所示。

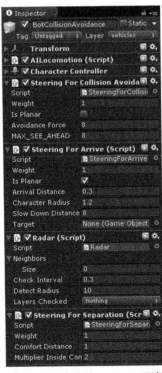

图2.38　AI角色的Inspector面板

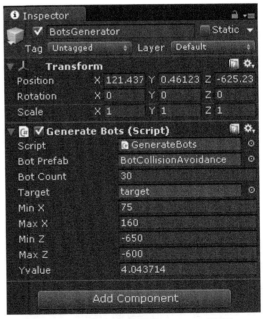

图2.39　AI角色生成器的Inspector面板

步骤2：创建一个空物体，用于生成多个AI角色，为它加上GenerateBots脚本。

代码清单2-18　GenerateBots.cs

```csharp
using UnityEngine;
using System.Collections;
public class GenerateBots : MonoBehaviour
{
    public GameObject botPrefab;
    public int botCount;
    public GameObject target;
    //长方体"盒子"定义了随机生成的AI的初始位置；
    public float minX = 75.0f;
    public float maxX = 160.0f;
    public float minZ = -650.0f;
    public float maxZ = -600.0f;
    public float Yvalue = 4.043714f;
    void Start ()
    {
        Vector3 spawnPosition;
        GameObject bot;
        for (int i=0; i<botCount; i++)
        {
            //随机选择一个生成点，实例化预置体；
            spawnPosition = new Vector3(Random.Range(minX,maxX),
            Yvalue,Random.Range(minZ,maxZ));
            bot = Instantiate(botPrefab, spawnPosition,Quaternion.
            identity) as GameObject;
            bot.GetComponent<SteeringForArrive>().target = target;
        }
    }
    void Update () {
    }
}
```

运行场景，如图2.40所示。黑（红）色的线是所创建的AI角色走过的轨迹，屏幕远端白色线框球中的灰（蓝）色小球所在的位置是所有AI角色的目标位置。

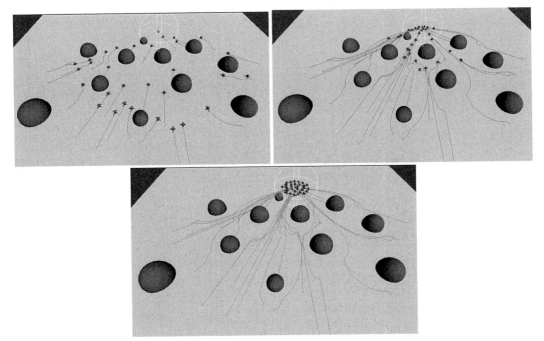

图2.40 运行结果

如果把Prefab中的SteeringForCollisionAvoidance.cs脚本删掉,即如果没有碰撞避免的话,那么结果将如图2.41所示。其中黑(红)色的球表示AI角色与之发生了碰撞。

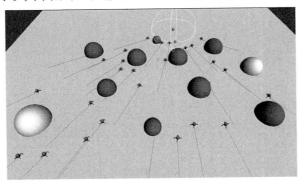

图2.41 未添加碰撞避免行为时的运行结果

提示: 因本书为黑白印刷,示例程序演示时为括号内颜色(红、蓝)。

2.5.3 实现动物迁徙中的跟随领队行为

1. 目标

对于动物迁徙过程的模拟,可以通过"跟随领队"行为实现,如图2.42所示。例如,图2.43中,灰色的小圆圈表示领队,后面的浅灰(绿)色小圆圈表示跟随者。

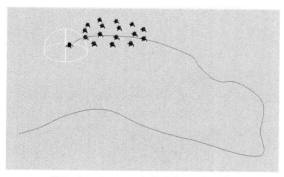
图2.42　Unity3D中的头领跟随行为

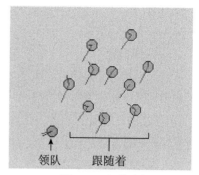
图2.43　跟随头领

跟随领队行为属于一种组合行为。读者可能会想，实现此效果只要用靠近或追逐行为不就可以了吗？

遗憾的是，这样的效果并不好。我们知道，在靠近行为中，AI角色会被推向目标，最终与目标占据相同的位置，而追逐行为把AI角色推向另一个角色，目的在于抓住它而不是跟随它。

在跟随领队行为中，目标是接近领队，但稍微落后。当角色距离领队较远时，可能会较快地移动，但是当距离领队较近时，会减慢速度。这可以通过下列行为的组合来实现。

● 抵达：向领队移动，在即将到达时减慢速度；
● 逃避：如果AI跟随者挡住了领队的路线，它需要迅速移开；
● 离开：避免多个跟随者过于拥挤。

要实现这种行为，首先要找到正确的跟随点。如图2.44所示，AI跟随者要与领队保持一定距离，就像士兵跟随在队长后面一样，跟随点（behind）可以利用目标（即领队）的速度来确定，因为它也表示了领队的行进方向。

tv = leader.velocity × （–1）
tv = normalize（tv）× LEADER_BEHIND_DIST
behind = leader.position + tv

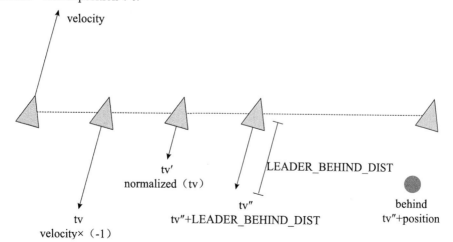
图2.44　跟随领队行为中的操控力计算

LEADER_BEHIND_DIST的值越大，跟随点距离领队越远，这代表着跟随者与领队的距离越大。

接下来，只要以behind点为目标，应用到达行为就可以了，返回的操控力也就是FollowLeader的返回力。

然后，为了避免跟随者之间过于拥挤，需要加上分离行为。

如果领队突然改变方向，那么跟随者可能会挡住领头者。因为我们需要跟随者跟在领队之后，而不是挡在它前面，因此，在发生这种情况时，跟随者必须马上移开，这时就需要加入逃避行为，如图2.45所示。

为了检测AI跟随者角色是否在头领的视线内，我们采用和碰撞避免行为中相似的检测方法。基于领队的当前速度和方向，找到它前方的一个点（ahead），如果领队的ahead点与AI跟随者的距离小于某个值，那么认为跟随者在领队的视线之内并且需要移开。

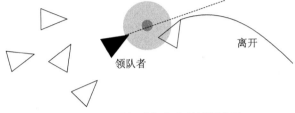

图2.45　跟随领队行为中的逃避行为

ahead点的计算方法与behind点几乎是相同的，差别在于速度向量不再取负值。

tv = leader.velocity

tv = normalize（tv）× LEADER_BEHIND_DIST

ahead = leader.position + tv

2. 实现

步骤1：创建一个场景，创建一个平面用于AI角色行走。

步骤2：将带动画的AI领队模型拖到场景中，起名为"BotLeader"，然后为它加上Character Controller组件，另外添加三个脚本，分别是AILocomotion.cs，SteeringForWander.cs，DrawGizmos.cs。其中，AILocomotion脚本用于控制它的运动，SteeringForWander脚本用于让这个领队在场景中自由徘徊（当然也可以为它设定一个目标，或是利用其他操控行为，例如追逐等），DrawGizmos脚本用于显示出领队行进路线前方的检测球。如果跟随者进入检测球，说明跟随者挡住了领队的路线，需要暂时为这个跟随者加上躲避行为，好让它为领队让路。此时的Inspector面板如图2.46所示。

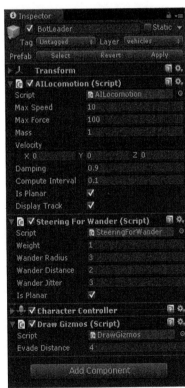

图2.46　领队者的Inspector面板

代码清单2-19　DrawGizmos.cs

```
using UnityEngine;
using System.Collections;
public class DrawGizmos : MonoBehaviour
{
    public float evadeDistance;
```

```csharp
    //领队前方的一个点;
    private Vector3 center;
    private Vehicle vehicleScript;
    private float LEADER_BEHIND_DIST;
    void Start()
    {
        vehicleScript = GetComponent<Vehicle>();
        LEADER_BEHIND_DIST = 2.0f;
    }
    void Update() {
        center = transform.position + vehicleScript.velocity.normalized *
        LEADER_BEHIND_DIST;
    }
    void OnDrawGizmos()
    {
        //画出一个位于领队前方的线框球,如果其他角色进入这个范围内,就需要激发逃避行为;
        Gizmos.DrawWireSphere(center, evadeDistance);
    }
}
```

步骤3:接下来,在场景中添加一个空物体,起名为"followersGenerator",用于生成多个跟随者,为它添加脚本GenerateBotsForFollowLeader.cs,如图2.47所示。

图2.47 跟随者生成器的Inspector面板

代码清单2-20 GenerateBotsForFollowLeader.cs

```csharp
using UnityEngine;
using System.Collections;
public class GenerateBotsForFollowLeader : MonoBehaviour
{
    public GameObject botPrefab;
    public GameObject leader;
    public int botCount;
    ////长方体"盒子"定义了随机生成的AI的初始位置;
    public float minX = 88.0f;
    public float maxX = 150.0f;
    public float minZ = -640.0f;
    public float maxZ = -590.0f;
```

```csharp
    public float Yvalue = 1.026003f;
    void Start ()
    {
        Vector3 spawnPosition;
        GameObject bot;
        for (int i=0; i<botCount; i++)
        {
            //随机产生一个生成位置，实例化预置体；
            spawnPosition = new Vector3(Random.Range(minX,maxX),
            Yvalue,Random.Range(minZ,maxZ));
            bot = Instantiate(botPrefab, spawnPosition,Quaternion.
            identity) as GameObject;
            bot.GetComponent<SteeringForLeaderFollowing>().leader = leader;
            bot.GetComponent<SteeringForEvade>().target = leader;
            bot.GetComponent<SteeringForEvade>().enabled = false;
            bot.GetComponent<EvadeController>().leader = leader;
        }
    }
}
```

步骤4：创建一个跟随者。

首先将跟随者的带动画模型拖入场景中，然后为它添加Character Controller组件。接下来，为它添加AILocomotion.cs，来控制它的运动；添加SteeringForArrive.cs脚本，这样当跟随者接近领队时，就会减慢速度；添加SteeringForLeaderFollowing.cs脚本，用于产生跟随领队的操控力；添加SteeringForSeparation.cs，使跟随者之间不会过于拥挤；添加Radar.cs，配合SteeringForSeparation.cs使用；添加SteeringForEvade，当跟随者挡住领队的路时，需要进行躲避；添加EvadeController，用于检测跟随者是否挡住领队，当挡住领队时，激活SteeringForEvade脚本，进行临时的躲避，否则，使它处于非激活状态。

步骤5：创建跟随者的预置体。为上面的跟随者设置好参数后，拖入一个空的Prefab，并命名为"BotFollower"。跟随者的Inspector面板如图2.48所示。

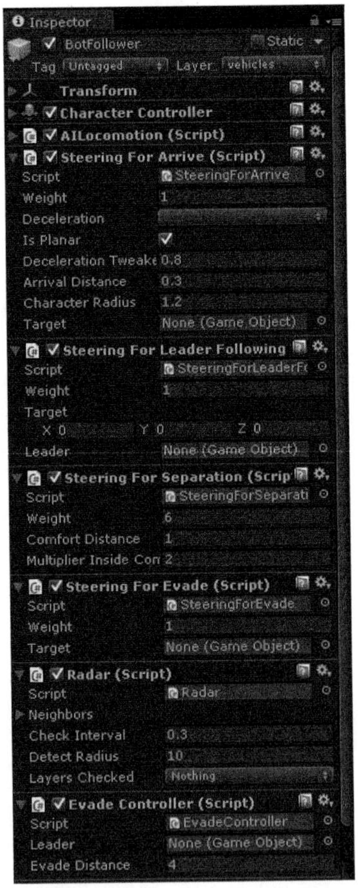

代码清单2-21　SteeringForLeaderFollowing.cs

```csharp
using UnityEngine;
using System.Collections;
```

图2.48　跟随者的Inspector面板

```csharp
[RequireComponent(typeof(SteeringForArrive))]
public class SteeringForLeaderFollowing : Steering
{
    public Vector3 target;
    private Vector3 desiredVelocity;
    private Vehicle m_vehicle;
    private float maxSpeed;
    private bool isPlanar;
    //领队游戏体；
    public GameObject leader;
    //领队的控制脚本；
    private Vehicle leaderController;
    private Vector3 leaderVelocity;
    //跟随者落后领队的距离；
    private float LEADER_BEHIND_DIST = 2.0f;
    private SteeringForArrive arriveScript;
    private Vector3 randomOffset;
    void Start()
    {
        m_vehicle = GetComponent<Vehicle>();
        maxSpeed = m_vehicle.maxSpeed;
        isPlanar = m_vehicle.isPlanar;
        leaderController = leader.GetComponent<Vehicle>();
        //为抵达行为指定目标点；
        arriveScript = GetComponent<SteeringForArrive>();
        arriveScript.target = new GameObject("arriveTarget");
        arriveScript.target.transform.position = leader.transform.position;
    }
    public override Vector3 Force()
    {
        leaderVelocity = leaderController.velocity;
        //计算目标点；
        target = leader.transform.position + LEADER_BEHIND_DIST *
            (-leaderVelocity).normalized;
        arriveScript.target.transform.position = target;
        return new Vector3(0,0,0);
    }
}
```

代码清单2-22　EvadeController.cs

```csharp
using UnityEngine;
using System.Collections;
public class EvadeController : MonoBehaviour
{
    public GameObject leader;
    private Vehicle leaderLocomotion;
    private Vehicle m_vehicle;
    private bool isPlanar;
    private Vector3 leaderAhead;
    private float LEADER_BEHIND_DIST;
    private Vector3 dist;
    public float evadeDistance;
    private float sqrEvadeDistance;
    private SteeringForEvade evadeScript;
    void Start()
    {
        leaderLocomotion = leader.GetComponent<Vehicle>();
        evadeScript = GetComponent<SteeringForEvade>();
        m_vehicle = GetComponent<Vehicle>();
        isPlanar = m_vehicle.isPlanar;
        LEADER_BEHIND_DIST = 2.0f;
        sqrEvadeDistance = evadeDistance * evadeDistance;
    }
    void Update()
    {
        //计算领队前方的一个点;
        leaderAhead = leader.transform.position + leaderLocomotion.velocity.normalized * LEADER_BEHIND_DIST;
        //计算角色当前位置与领队前方某点的距离,如果小于某个值,就需要躲避;
        dist = transform.position - leaderAhead;
        if (isPlanar)
            dist.y = 0;
        if (dist.sqrMagnitude < sqrEvadeDistance)
        {
            //如果小于躲避距离,激活躲避行为;
            evadeScript.enabled = true;
```

```
                Debug.DrawLine(transform.position, leader.transform.position);
        }
        else
        {
            //躲避行为处于非激活状态;
            evadeScript.enabled = false;
        }
    }
}
```

场景的Hierarchy面板如图2.49所示。

运行场景。由于这里领队的徘徊路线以及跟随者的初始生成位置都是随机的，因此每次运行程序的结果都会有所不同。图2.50是其中一次运行的结果，这里黑（红）色曲线为领队的徘徊路线，领队四周有一个白色的线框球，当其他追随者进入这个线框球时，会激活逃避行为，从头领的路线上躲开。

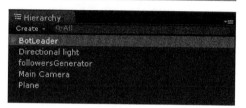

图2.49　游戏场景的Hierarchy面板

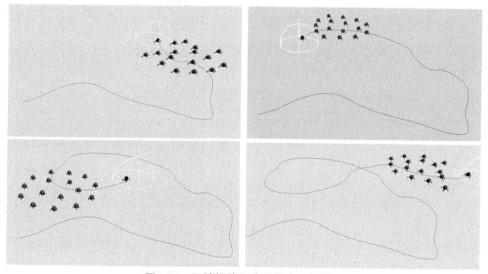

图2.50　跟随领队行为的某次运行结果

提示： 因本书为黑白印刷，示例程序演示时为括号内颜色（红、蓝）。

图2.51所示是另一次运行的结果。其中第一张图中，3个追随者可能会挡住领队的前进路线。可以看出，3个追随者在领队周围的白色线框球内部，并且它们也检测到了这种状况，且与领队之间有白色的线段连接。在画线的同时，也激活了它们的SteeringForEvade脚本，进行逃避。

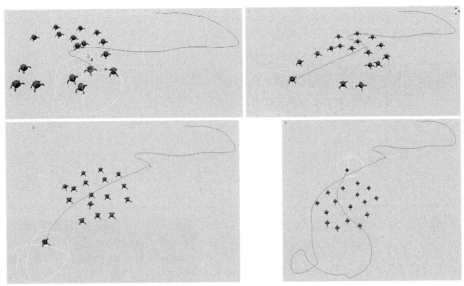

图2.51　跟随领队行为场景的某次运行结果，包含躲避行为

2.5.4　排队通过狭窄通道

1. 分析

这个场景可以模拟在室外的一队AI角色从宽阔的地方来到一个狭窄的通道。例如，如果发现玩家在大厅内，它们就会通过唯一的门进入大厅，捕捉玩家。这时，我们希望它们能有序地进入，这就是排队行为所要实现的目标，如图2.52所示。

实现排队行为，需要用到两种操控行为。

- 靠近；
- 避开障碍。

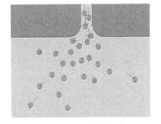

图2.52　排队行为

假设这里用两个长方体作为墙，中间留有狭窄的过道，供这些AI角色行走，AI角色的目标点位于墙的另一侧。

如果没有排队行为，那么AI角色会试图从彼此的头上走过，而排队行为会让这些AI角色排起队，有序地通过这个通道。图2.53展示了排对行为的操控力计算方法。

首先，角色需要确定前方是否有其他AI角色，然后根据这个信息来确定自己是继续前进还是停止等待。这里我们利用与碰撞避免行为中相同的方法来检测前方是否有其他AI角色。首先计算出角色前方的ahead点，如果这个点与其他某个AI角色的距离小于一个值MAX_QUEUE_RADIUS，那么表示这个AI角色的前方有其他AI角色，必须减速或停止等待。

ahead的计算方法是这样的：

ahead = normalize（velocity）× MAX_QUEUE_AHEAD

ahead = qa + position

那么，如何让AI角色停止等待呢？需要知道的是，操控行为是基于变化的力的，因此系统是动态的。即使某个行为返回的力为0，甚至总的力为0，还是不会让AI角色的速度变为0。

那么如果让AI角色停止等待呢？一种方法是计算其他所有力的合力，然后像抵达行为中一样，消除这些力的影响，让它停下来。另一种方法是直接控制AI角色的速度向量，而忽略其他的力。这种方式便是此处采用的方式：直接将速度值乘以一个比例因子，例如0.2，在此因子的作用下，AI角色的移动会迅速减慢，但当前方没有遮挡时，会慢慢恢复到原来的速度。

然后，再加上靠近和避开障碍行为，就大功告成了。当然，根据具体情况，还可以加入分离行为等。

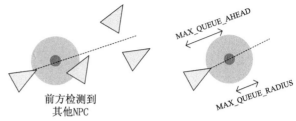

图2.53 排队行为的操控力计算方法

2. 场景设置

步骤1：新建一个场景，创建一个平面，用于AI角色行走，然后添加两面墙，这两面墙之间留有一个狭窄的出口，让多个AI角色和目标正好位于墙的不同侧。这样，这些AI角色就必须通过这个狭窄的出口，走向目标。

墙是通过创建Cube来实现的。注意要为它加上obstacle标签，并且还要创建一个新的layer，编号是9，名称也可以是"obstacle"，墙体除了有obstacle标签外，还位于obstacle层。墙体的Inspector面板如图2.54所示。

步骤2：创建目标。这里用一个小球体表示目标，注意要删去碰撞体组件。

步骤3：创建一个空物体，称为BotsGenerator，用于在指定的区域生成多个AI角色。为它添加脚本GenerateBotsForQueue.cs，它的Inspector面板如图2.55所示。

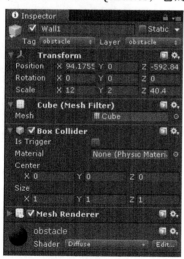

图2.54 墙体障碍物的Inspector面板

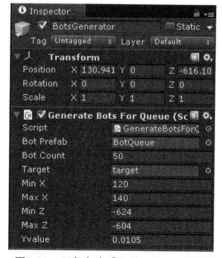

图2.55 AI角色生成器的Inspector面板

代码清单2-23　GenerateBotsForQueue.cs

```
using UnityEngine;
using System.Collections;
```

```
public class GenerateBotsForQueue : MonoBehaviour
{
    public GameObject botPrefab;
    public int botCount;
    public GameObject target;
    public float minX = 75.0f;
    public float maxX = 160.0f;
    public float minZ = -650.0f;
    public float maxZ = -600.0f;
    public float Yvalue = 4.043714f;
    void Start ()
    {
        Vector3 spawnPosition;
        GameObject bot;
        //在一个长方体盒子定义的范围内，随机生成多个角色；
        //为生成的角色指定目标；
        for (int i=0; i<botCount; i++)
        {
            spawnPosition = new Vector3(Random.
            Range(minX,maxX),Yvalue,Random.Range
            (minZ,maxZ));
            bot = Instantiate(botPrefab, spawnPosition,
            Quaternion.identity) as GameObject;
            bot.GetComponent<SteeringForArrive>
            ().target = target;
        }
    }
}
```

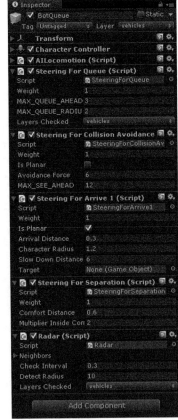

步骤4：创建AI角色的Prefab。首先将带动画的AI角色模型拖到场景中，为它添加Character Controller组件，然后添加AILocomotion.cs、SteeringForCollisionAvoidanceQueue.cs（这个脚本是用于碰撞避免的，与SteeringForCollisionAvoidance.cs脚本略有不同）、SteeringForArrive.cs、Radar.cs、SteeringForSeparation.cs，最后添加SteeringForQueue.cs脚本，这个脚本用于实现排队行为。添加好这些脚本并设置好参数后，拖入一个空的Prefab，起名为"BotQueue"，它的Inspector面板如图2.56所示。

图2.56　实现排队行为的AI角色的Inspector面板

代码清单2-24　SteeringForQueue.cs

```csharp
using UnityEngine;
using System.Collections;
public class SteeringForQueue : Steering
{
    public float MAX_QUEUE_AHEAD;
    public float MAX_QUEUE_RADIUS;
    private Collider[] colliders;
    public LayerMask layersChecked;
    private Vehicle m_vehicle;
    private int layerid;
    private LayerMask layerMask;
    void Start ()
    {
        m_vehicle = GetComponent<Vehicle>();
        //设置碰撞检测时的掩码；
        layerid = LayerMask.NameToLayer ("vehicles");
        layerMask = 1 << layerid;
    }
    public override Vector3 Force ()
    {
        Vector3 velocity = m_vehicle.velocity;
        Vector3 normalizedVelocity = velocity.normalized;
        //计算出角色前方的一点；
        Vector3 ahead = transform.position + normalizedVelocity * MAX_QUEUE_AHEAD;
        //如果以ahead点为中心，MAX_QUEUE_RADIUS的球体内有其他角色；
        colliders = Physics.OverlapSphere (ahead, MAX_QUEUE_RADIUS, layerMask);
        if (colliders.Length > 0)
        {
            //对于所有位于这个球体内的其他角色，如果它们的速度比当前角色的速度更慢，
            //当前角色放慢速度，避免发生碰撞；
            foreach (Collider c in colliders)
            {
                if ((c.gameObject != this.gameObject) && (c.gameObject.
                    GetComponent <Vehicle>().velocity.magnitude < velocity.
                    magnitude))
```

```
                {
                    m_vehicle.velocity *= 0.8f;
                    break;
                }
            }
        }
        return new Vector3(0,0,0);
    }
}
```

代码清单2-25 SteeringForCollisionAvoidanceQueue.cs

```
using UnityEngine;
using System.Collections;
public class SteeringForCollisionAvoidanceQueue : Steering
{
    public bool isPlanar;
    private Vector3 desiredVelocity;
    private Vehicle m_vehicle;
    private float maxSpeed;
    private float maxForce;
    public float avoidanceForce;
    public float MAX_SEE_AHEAD;
    private GameObject[] allColliders;
    private int layerid;
    private LayerMask layerMask;
    void Start()
    {
        m_vehicle = GetComponent<Vehicle>();
        maxSpeed = m_vehicle.maxSpeed;
        maxForce = m_vehicle.maxForce;
        isPlanar = m_vehicle.isPlanar;
        if (avoidanceForce > maxForce)
            avoidanceForce = maxForce;
        allColliders = GameObject.FindGameObjectsWithTag("obstacle");
        layerid = LayerMask.NameToLayer("obstacle");
        layerMask = 1 << layerid;
    }
    //计算碰撞避免所需的操控力,这里利用了掩码,只考虑与场景中其他角色的碰撞;
```

```
public override Vector3 Force()
{
    RaycastHit hit;
    Vector3 force = new Vector3(0,0,0);
    Vector3 velocity = m_vehicle.velocity;
    Vector3 normalizedVelocity = velocity.normalized;
    if (Physics.Raycast(transform.position, normalizedVelocity, out
    hit, MAX_SEE_AHEAD,layerMask))
    {
        Vector3 ahead = transform.position + normalizedVelocity * MAX_
        SEE_AHEAD;
        force = ahead - hit.collider.transform.position;
        force *= avoidanceForce;
        if (isPlanar)
            force.y = 0;
    }
    return force;
}
```

场景的Hierarchy面板如图2.57所示。

运行场景，如图2.58所示。其中屏幕左侧的小球是目标，右侧是需要通过墙之间过道的一群AI角色，左侧小球周围的白色线框球表示到达行为的减速半径。

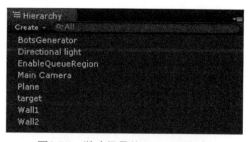

图2.57 游戏场景的Hierarchy面板

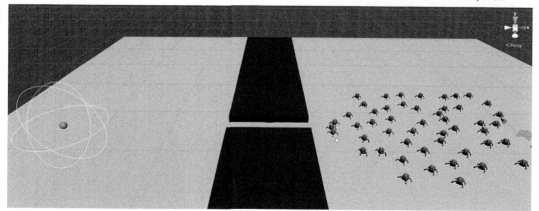

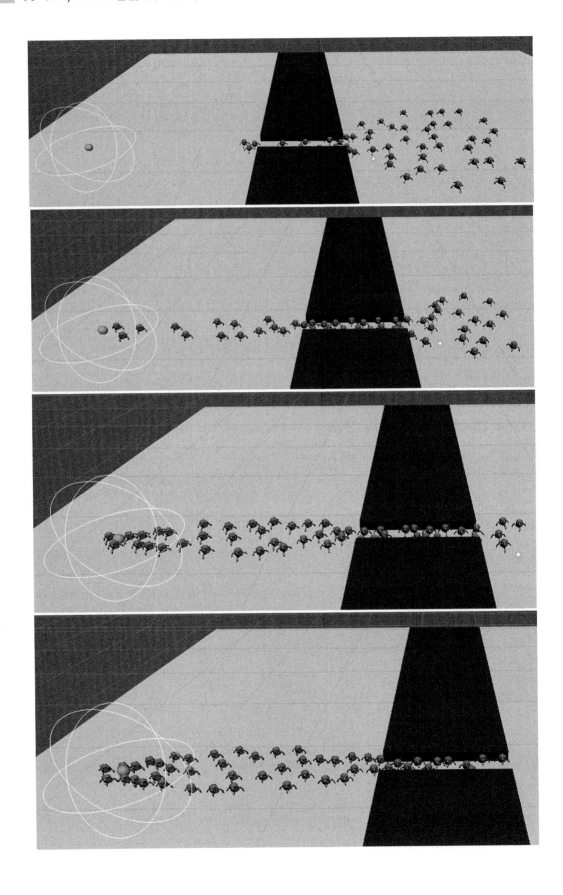

图2.58 排队行为演示

如果没有排队行为，AI角色们会相互拥挤，快速从彼此的头上跳过去，还可能会被挤上障碍物，从障碍物的顶端走过去，如图2.59中的白色椭圆所示。

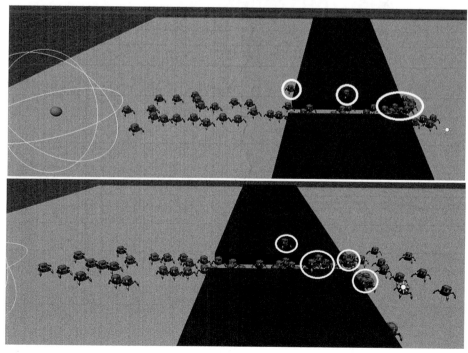

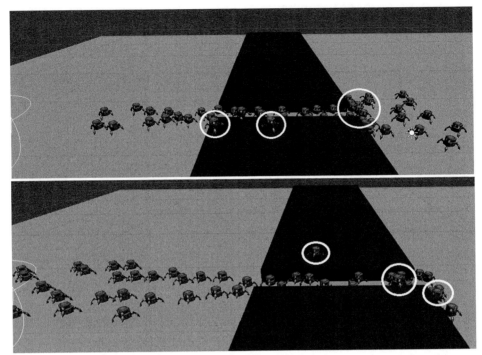

图2.59　不采用排队行为时的结果

2.6　操控行为的快速实现——使用Unity3D开源库UnitySteer

在前面的章节中，读者已自己编写代码实现了许多操控行为。在实际中，另外一种选择是采用开源的UnitySteer库来实现操控行为。该库的作者是Agres System，下载地址是https://github.com/ricardojmendez/UnitySteer。这个库中包含了许多种操控行为，如果明白了操控行为的原理，那么使用起来也并不难。

1. 官网示例

图2.60是Agres System利用UnitySteer库做的一个人群仿真示例。当然，做这样一个复杂的场景，有许多问题要考虑，比如人要能向两边迈步，彼此避开以及人类在人行道、草坪上的行为等。UnitySteer只是用于控制角色移动的，在更高层次还要有一个决策模块来决定是否需要移动，移动到哪里等，这个决策模块最好用后面将要介绍的行为树来实现。

这个系统是Agres System针对他们正在开发的游戏所设计的，规模较大，包含了许多种基本操控行为，将它们组合以后可以得到很复杂的行为，不足之处是没有相关的文档说明。不过，现在读者已经明白了操控行为的原理，使用起来也不会很难。当然，如果你的游戏中只需要少量的操控行为，完全可以参照前面介绍的原理和参考实现，自己编写更加简单易用的脚本。

图2.60　UnitySteer库所实现的人群仿真

2. 练习题目

下面，使用UnitySteer库来做一个狼追小鹿的场景，简要说明UnitySteer库的基本应用方法。从这组游戏运行截图（见图2.61）可以看出，狼显然是预测了鹿的未来方向，然后向相应的方向奔跑，从而截住猎物。

图2.61　利用UnitySteer库实现狼追逐鹿场景

3. 实现步骤

下面来看具体的利用UnitySteer实现这种追逐行为的步骤。

步骤1：下载并导入UnitySteer库，新建一个场景，加上狼和鹿的模型。

步骤2：将狼的模型拖入场景中，为它加上AutonomousVehicle脚本，设置好参数。对于狼，需要注意的是这个脚本中Turn Time参数的设置，如果这个参数设置的过小，在接近猎物时，狼就会不停地转动，产生不稳定的结果。所以这里把这个参数设置为0.8。接下来是Max Speed参数，由于狼的奔跑速度很快，所以把它设置为10。

然后，为狼添加SteerForPursuit脚本。需要注意的是参数Acceptable Distance，这个参数表示追逐到离猎物多近的时候，可以认为已经追上，遂停止追逐。这里把该参数设置为3。

为狼添加Radar和SteerForSphericalObstacleRepulsion脚本，用来检测附近的障碍并且避开障碍。

步骤3：将鹿的模型拖入场景中，为它加上AutonomousVehicle、SteerForWander、SteerForTether、Radar和SteerForSphericalObstacleRepulsion脚本。

图2.62和图2.63分别是狼和鹿的Inspector面板中的一部分。

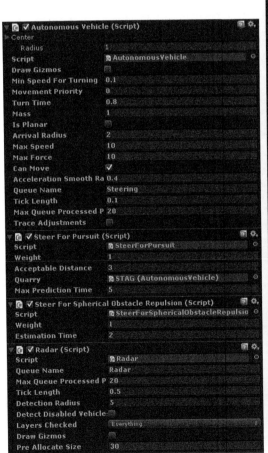

图2.62　狼的Inspector面板

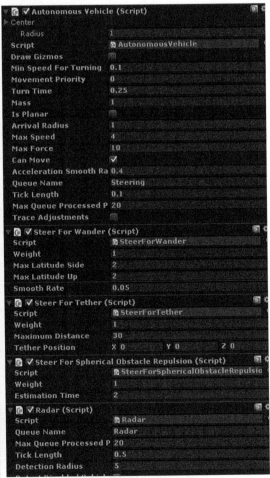

图2.63　鹿的Inspector面板

这样，就实现了一个最基本的追逐效果，很简单吧！

操控行为是很有趣的，有了UnitySteer库，读者可以发挥想象力，设计各种不同的行为，让游戏看上去非常生动。动手试试吧！

2.7 操控行为编程的其他问题

1. 操控力的更新频率

从前面的代码中可以看出，检测附近的邻居、计算操控力等这些步骤并不是像游戏画面和动画一样，每一帧都需要进行更新，而是按照事先设定的更新频率进行更新。在设计系统时，对时间的把握是很关键的。

正反馈带来振荡，而负反馈会维持群体不至于失控。

如果反馈过快，反应时间过短，那么将会引起振荡，而不是缓慢地波动。另外，过快的反馈也会导致输入数据减少，因为没有足够的时间收集足够的数据。

相反，如果反馈过慢，将会使系统显得很单调。以鸟群为例，如果反馈时间过长，那么上一时刻与同伴靠近的某个个体，将会在当前时刻飞得很远，以至于下一时刻，它已经飞离这个群体；而上一时刻与同伴分离得较远的某个个体，为了纠正这个行为，将会在下一时刻撞上其他同伴，如果其他同伴也做出相同的纠正行为的话。因此，鸟群会在保持队形和避免碰撞之间找到平衡。

设计系统的时候需要注意，每个正反馈都会带来潜在的不稳定因素，必须以某种方式被平衡。如果只遵循一些简单的行为，那么可以证明，系统会找到一个平衡点。

2. AI角色的"思考速度"

一般来说，我们会将帧率与AI角色的思考速度区分开。许多游戏对于动画、AI和输入信息在相同的循环中进行更新，但也有许多游戏，将它们分开更新。

首先，很容易看出，让AI角色的思考速度快于帧率是没有任何意义的，因为即使思考得再快，也必须等到动画系统调用的时候，才能做出移动。绝大多数游戏中，动画系统和物理系统的速率是一致的，AI无需高于这个速率。对于手机游戏，由于资源有限，可能会有少量的快速动画、但较慢的整体速率，此时AI只需小于等于这个较慢的整体速率就可以了。

让AI角色的思考速度与系统帧率相同并不是一个好的选择，例如，AI控制的汽车不能过于频繁地变道，必须加上一些抑制措施。而且，思考过快的AI角色会让玩家十分困惑，不知道它在想什么。因此，在设计游戏的时候，需要对AI角色的反应速度施加限制。

如果我们把AI角色的思考速度降低到每秒1次，那么就有些慢了，这个速率对确保安全也许是够的，但司机会错过许多机会，看上去好像在做白日梦一样。如果再进一步降低到2秒1次，那么将会引起碰撞，或一些车辆可能会在车道上穿过其他车辆。大家可以在自己的游戏中，调整AI角色的思考速度来观察结果。

提示： 在前面的（1）、（2）中，可以采用"计时器"来实现指定的更新频率。在Unity3D的C#脚本中，还可以用Coroutine来实现（见6.1.6节），有兴趣的读者可以自行尝试。

3. 本章的"操控行为"与下章的"A*寻路"对比

本章所讲的靠近、离开、抵达、追逐、逃避等个体行为也可以用其他方法来实现，例如下一章将要讲到的寻路算法。操控行为最大的有趣之处在于：

- 可以更好地模拟随机徘徊行为；
- 具有较高的效率；
- 与后面要讲的A*寻路相比，操控行为更适合于仿真大的群体的呈现一定个性的行为。这是因为A*寻路总是会寻找最优路径，而且当要寻路的AI角色很多时，效率会受到很大影响，并且结果很规则，可以预期。而操控行为与之相较，则代价更小，更为生动。

第3章
寻找最短路径并避开障碍物——A*寻路

在即时战略游戏（Real-Time Strategy Game，简称RTS）中，玩家可以用鼠标选定一组单元，然后单击地图上的某个位置，或者某个要攻击的敌人，这时寻路模块便会为这组单元找到一条能够避开障碍物的路径，让这组单元能够通过这条路径到达指定的位置。这个功能就是路径规划，也称为"寻路"。

寻路是游戏人工智能中要解决的最基本的问题之一。游戏程序设计人员经常需要为一个AI角色规划出一条路径，让它能从游戏世界中的A点到达B点，如图3.1所示。

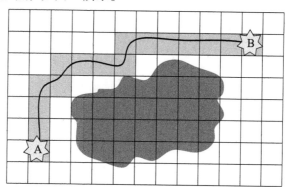

图3.1　从A到B的路径

细心的读者们可能会想起，在第2章的2.2.1和2.2.8小节中，我们曾讲到了"靠近"和"避开障碍"两种行为，将这两种行为结合到一起，就可以实现最简单的寻路——只需为AI角色加上Seek.cs脚本和ObstacleAvoidance.cs脚本就可以了。不过，这种寻路方法过于简单，在障碍较多或障碍物体积较大的情况下，或者更复杂的应用场景中（例如，除了要求AI角色能够避开障碍之外，有时还要求它能够识别不同的地形特点，如在平坦地形、河流、山路等选择中寻找出最可行的路径），这种简单的寻路方法就不太适用了，况且它也无法规划出最短路径。有时这会让AI角色显得很笨。

本章首先介绍A*寻路的基本算法，然后通过示例一步步观察A*路径是如何找到的。在了解了算法原理之后，再介绍Unity3D中流行的A Pathfinding Project插件，最后，还会简要介绍如何使用A*算法实现更高级的寻路——战术寻路，它会使AI角色看上去聪明很多！

3.1 实现A*寻路的3种工作方式

A*寻路方式通常有3种：基于单元的导航图、基于可视点导航图与导航网格。

3.1.1 基本术语

下面先介绍几个与A*寻路相关的术语，从而方便更好地理解后面的内容。
- 地图："地图"是一个空间，也可以称为"图"，它定义了场景中相互连接的可行走区域，形成一个可行走网络，A*在这个空间内寻找两个点之间的路径。
- 目标估计：是指在寻路过程中估算代价的方法。通过采用不同的目标估计方法，可以实现更为智能、有趣的AI角色。
- 代价：在寻路过程中，有许多影响因素，例如时间、能量、金钱、地形、距离等。对于起始节点与目标节点之间的每一条可行路径，都可以用代价的大小来描述——每条可行路径都有相应的代价（如通过这条路径所需要花费的总时间、通过这条路径的难度等），而A*寻路算法的任务就是选取代价值最小的那条路径。
- 节点：节点与地图上的位置相对应，可以用它来记录搜索进度。节点中存放了A*算法的关键信息，首先，节点的位置信息是必不可少的，除此之外，每个节点还记录了这条路径中的上一个节点，即它的父节点，这样在到达目标节点后，可以通过反向回溯确定最终路径。另外，每个节点还有3个重要的属性值，分别是g、h、f。

　　g：从起始节点到当前节点的代价。

　　h：从当前节点到目标节点的估计代价。由于无法得知实际的代价值，因此h实际上是通过某种算法得到的估计值。

　　f=g+h，f：是对经过当前节点的这条路径的代价的一个最好的估计值，f值越小，就认为路径越好。

- 导航图：要进行寻路，首先需要将游戏环境用一个图表示出来，这个图就称为导航图。导航图可以有多种形式，这里将介绍其中最重要的三种，即基于单元的导航图、可视点导航图和导航网格。它们各有特点，应用时，需要根据实际情况进行选择。在后面将要讲到的A*寻路插件中，也同时包含了这三种导航图。

3.1.2　方式1：创建基于单元的导航图

基于单元的导航图是将游戏地图划分为多个正方形单元或六边形单元组成的规则网格，网格点或网格单元的中心可以看作是节点。

图3.2是一个基于单元的导航图，其中白色部分表示可行走区域，深灰色区域是不可行走的区域。

这种表示方式最容易理解和使用，而且由于它的结构很规则，因此易于动态更新，如动态增加建筑物或其他障碍（如塔楼）等。基于单元的导航图比较适合在塔防游戏、即时战略游戏或其他频繁动态更新场景的游戏中使用。

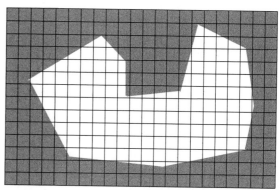

图3.2　基于单元的导航图

采用基于单元的导航图时，寻路是以网格为单位进行的。可以想象，如果单个正方形过大，网格很粗糙，那么很难得到好的路径；而如果单个正方形很小，网格很精细，那么虽然会寻找到很好的路径，但这时需要存储和搜索大量的节点，对内存要求高，而且也很影响效率。

另外，如果游戏环境中包含多种不同的地形（例如平原、沼泽、河流、山地），并且为每种类型设置了不同的代价（例如，士兵穿越沼泽需要付出很高的代价，而在平原上行走的代价却很小），这时寻路算法就会倾向于寻找平原上的路径，那么就需要为网格中的每个单元（正方形或六边形）记录地形信息。这也需要一定的开销。

如果是RTS游戏，还选择了基于单元的导航图进行寻路，那么游戏会面临更严峻的考验：假设同时有数十个单元需要寻找路径，那么占用的内存空间和消耗的CPU资源将会很大！

图3.3也是一个基于单元的导航图，灰色为可行走区域（它的形状看上去很像字母H）。在这个图中，从a到b的路径实际上只需要通过19个节点，A*算法却会搜索96个节点，因此这种方式效率很低。

从图3.2和图3.3中也可以看到，为了将不可行走区域也表示出来，浪费了大量的存储空间。

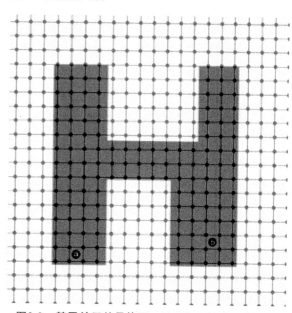

图3.3　基于单元的导航图，从a到b需搜索96个节点

3.1.3 方式2：创建可视点导航图

另一个受欢迎的表示方式可以称为可视点导航图，也称为路点图。路点也称为"轨迹点"。

建立可视点导航图时，一般先由场景设计者在场景中手工放置一些"路径点"，然后由设计人员逐个测试这些"路径点"之间的可视性。如果两个点之间中间没有障碍物遮挡，即这两个点之间相互能"看到"，那么就可以用一条线段把这两个点连接起来，生成一条"边"（实际操作中，可能对"边"施加一些限制，例如，边的长度必须小于某个值等），最后，这些"路径点"和"边"就组成了可视点导航图。

图3.4中的圆点是手工放置的路径点，路径点之间的连线表示"边"，即可以行走的路径，白色曲线表示从起点A到终点B的路径。图3.4中的右图是同一个区域的导航网格（Navmesh）图，从A到B的路径是平滑的直线。可以对比一下两种方法下生成的不同路径。

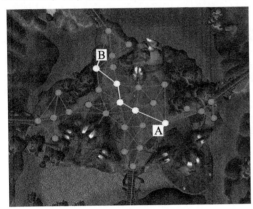 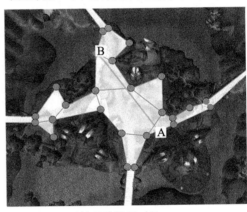

图3.4 真实游戏场景中的路点图与Navmesh图的寻路结果对比

后面将要讲到的A* Pathfinding Project插件，可以根据给定的路径点和限定的边长度，自动生成连接路径点的边，得到用于寻路的可视点导航图。

可视点导航图的最大优点是它的灵活性。分散在各处的路径点是由场景设计者精心选择的，能覆盖绝大部分可行走的区域，还可以将其他一些重要位置的点包含进去，例如，理想的掩护位置、伏击位置等，同时增加相应的信息存储。利用这些可用信息，就可以高效地实现战术寻路，还可以计算出某个位置的战略信息，例如，是否是死胡同，是否安全等。

但是可视点导航图也有一些缺点：首先，当场景很大时，手工放置路径点是很繁琐的工作，也很容易出错。其次，它只是一些点和线段的集合，无法表示出实际的二维可行走区域，角色只能沿着那些边运动。当起始点或终点既不是路径点，也不在边上的时候，只能先找到距离最近的路径点，然后再进行寻路，这样，很可能会得到一条Z字形的路线，看上去很不自然。甚至可能发生更坏的情况，例如，当起始点与最近路径点之间的线段并不完全在可行走区域内时，如果让AI角色沿着这条线段行走，它很可能会跌落悬崖，或掉到河里！另外，由于只能沿着边行走，因此很难保证生成的路径的质量。路径经常是弯弯曲曲的，甚至包含尖锐的拐角，即使是视线直接可达的路径，也无法进行优化。除此之外，它还存在严重的组合爆炸问题，如果设置了100个路径点，就可能需要测试99×100条路径，而如果有1000

个路径点，那么可能需要测试999×1000条路径。

现在的游戏中，越来越广泛地将导航网格用于寻路，这种方式大多将寻路与战术点分开，即导航网格只用于寻路，然后采用设计师手工放置躲藏点、埋伏点进行战术决策。

那么，是不是可视点导航图就过时了呢？事实上，对于独立的开发者，可视点导航图是简单而高效的导航方法，在游戏工业中依然多有使用，对Unity3D开发者来说，也依然是一个很好的选择。

图3.5是一个H形可行走区域的可视点导航图（对边的长度施加了限制），由a到b的路径经过11个节点，A*算法总共需要搜索31个节点。

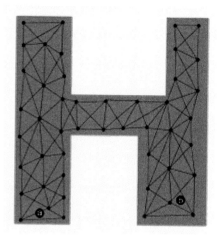

图3.5　H形可行走区域的路点图导航，从a到b需要搜索31个节点

3.1.4　方式3：创建导航网格

导航网格（Navmesh）将游戏场景中的可行走区域划分成凸多边形。实现中也可以限制多边形的种类，例如，要求只能使用三角形，或可以同时使用三角形和四边形等。导航网格表示出了可行走区域的真实几何关系，是一个非均匀网格。Unity3D自带的寻路系统就建立在导航网格的基础上。

图3.6是一个用三角形表示的导航网格，其中，白色部分表示可行走区域，深灰色区域是不可行走区域。可以看出，该导航网格将可行走区域划分成了大小不等的三角形，这里相邻的三角形是直接可达的，寻路时，每个三角形都对应一个节点。

在这个三角形网格上进行A*寻路时，每个节点不再对应于一个正方形，而是对应于一个三角形，所以相邻的节点即为与这个三角形相邻的其他三角形。另外，估计g和h时，导航网格方式也采用了不同的方法，例如，可以用三角形质心之间的线段长度作为节点之间的路径代价g，也可以用三角形的边的中点之间的距离作为g值等。

在图3.6所示的导航网格中，仍然用白色区域代表可行走区域。与图3.5不同的是，这里将可行走区域划分成了四边形，寻路用到的节点位于四边形的中央，利用A*寻路算法，可以找到路径所经过的那些多边形。如果直接把这些多边形的中心连接起来，就会得到从起始点到目标点的一条路径——图3.7中的灰色曲线。不过这条曲线看上去不太理想，沿着它行走，会让AI角色看上去笨笨的。

由于形成的这条灰色曲线路径显然不是很理想，最好进一步对它进行处理。可以采用"视线确定"方法，通过向前跳到视线所及的最远途经点，使路径变得更加平滑而自然。

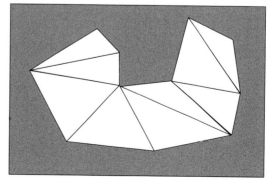

图3.6　一个仅包含三角形的导航网格

一种方法是，每当到达路径内的一个路径点时，就检查列表中的下几个路径点。通过这种方式，可以跳过一些多余的视线内的途经点，得到更平滑的路径。

也可以采用其他方法对路径进行平滑。经过进一步处理后得到图3.7中的黑色路径。可以看出，这条路径显然更加自然合理。

路径的后处理看上去也不那么容易，幸运的是，A* Pathfinding Project插件中已经包含了后处理功能，不需要用户做任何工作！

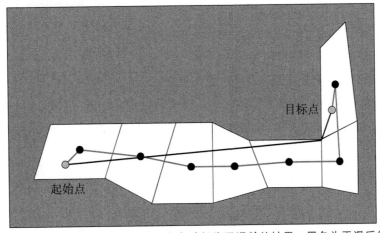

图3.7　用多边形表示的可行走区域，灰色路径为平滑前的结果，黑色为平滑后的结果

图3.8是游戏《魔兽世界》中的一小部分场景。图3.8（a）是划分得到的导航网格，图3.8（b）还表示出了网格间的连接方式，这种连接方式代表寻路时多边形的相邻关系。

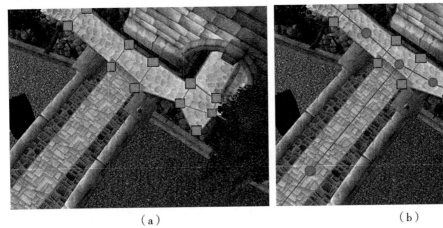

（a）　　　　　　　　　　　　　（b）

图3.8　游戏《魔兽世界》中的一部分场景

与前两种导航图相比，导航网格的优点是可以进行精确的点到点移动。由于在同一个三角形中的任意两个点都是直接可达的，因此可以精确地寻找到从起始点到目标点的路径。它的另一个重要优点是非常高效。由于多边形的面积可以任意大，因此，只需要较少数量的多边形，就可以表示出很大的可行走区域，不但占用的内存较小，搜索路径的速度也会有很大的提高。

另外，由于游戏场景本身就是由多边形构成的，因此，通过事先设计好的算法，就能够自动地将可行走区域划分成多边形，生成导航网格，而不需要人工干预。

导航网格的主要缺点是生成导航网格需要较长的时间，因此，在地形经常发生动态变化（如经常添加、移除建筑物等）的场景中很少使用，而多用于静态场景中。这时，导航网格只需在游戏开始时生成一次，便可一直使用。

补充：在A* Pathfinding Project插件中，导航网格由相互连接的三角形组成，每个三角形都表示可行走区域的一部分。为了更快地在游戏过程中生成动态导航网格，Aron采用了Navmesh cutting技术，主要思想是在原始的导航网格图中挖洞，从而为新增加的障碍物腾出空间，然后对相关的三角形稍作修补。这样，即使采用导航网格表示可行走区域，也可以较好地处理动态场景更新。但应用这种方法的前提是只能动态增加障碍物（例如，新建塔楼、建筑物等），不能动态移除障碍物（如毁坏等），它也不能处理移动的障碍物，无法动态增加可行走区域，但是在多数情况下也够用了。

当然，现在许多AAA级游戏采用了特殊优化的导航网格，也有昂贵的AI引擎如Havok AI，可以实现动态游戏场景的快速更新，但这已超出了本书讨论的范围。

图3.9是一个可行走区域的导航网格表示。其中图3.9（a）是全部由三角形组成的寻路网格，在这个网络中，从a到b只需要通过8个节点，A*算法共需要搜索10个节点。

还可以进一步将三角形合并为凸多边形，得到图3.9（b）所示的寻路网格，这样可以带来更大的简化，从a到b只需经过3个节点，搜索4个节点就可以找到路径。显然，为了找到路径，需要搜索的节点数量要比使用前两种导航图时少得多。

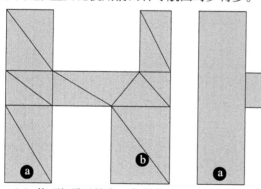

（a）从a到b需要搜索10个节点　　（b）从a到b只需搜索4个节点

图3.9

3.2　A*寻路算法是如何工作的

在这一节中，我们假设寻路是在基于单元的导航图上进行的，地图已经被划分为均匀的正方形网格。这里我们用每个格子的中心点来表示寻路节点，每个格子周围的8个相邻格子表示节点之间的可行走连接，即每次行走时，只能从正东、正西、正南、正北、东南、东北、西南、西北8个方向中选择一个方向。一般来说，网格划分得越细，寻找到的路径就越好，但所需的寻路时间也就越长。

在A*算法中，使用了两个状态表，分别称为Open表和Closed表。这里Open表由待考查的节点组成，而Closed表由已经考查过的节点组成。那么，什么样的节点才算是"已考查过"的呢？对于一个节点来说，当算法已经检查过与它相邻的所有节点，计算出了这些相邻节点的f，g和h值，并把它们放入Open表以待考查，那么，这个节点就是"已考查过"的节点。

开始时，Closed表为空，而Open表仅包括起始节点。每次迭代中，A*算法将Open表中具有最小代价值（即f值最小）的节点取出进行检查，如果这个节点不是目标节点，那么考虑该节点的所有8个相邻节点。对于每个相邻节点按下列规则处理：

（1）如果它既不在Open表中，也不在Closed表中，则将它加入Open表中；

（2）如果它已经在Open表中，并且新的路径具有更低的代价值，则更新它的信息；

（3）如果它已经在Closed表中，那么检查新的路径是否具有更低的代价值。如果是，那么将它从Closed表中移出，加入到Open表中，否则忽略。

重复上述步骤，直到到达目标节点。如果在到达目标之前，Open表就已经变空，便意味着在起始位置和目标位置之间没有可达的路径。

3.2.1　A*寻路算法的伪代码

Open表：等待考查的节点的优先级队列（按照代价从低到高排序）。

Closed表：已考查过，无需再考查的节点列表。

引自参考文献[5]：P226～227

```
AStarSearch（Vector3 StartPosition, Vector3 GoalPosition, agenttype Agent）
{
    将Open表和Closed表清零;
    //初始化起始节点
    StartNode.position = StartPosition;
    StartNode.G = 0;
    StartNode.H = PathCostEstimate(StartPosition, GoalPosition, Agent);
    StartNode.Parent = null;
    将StartNode加入Open表中;
    //处理Open表直到成功或失败
    while Open表非空
    {
        从Open表中取出代价最低的节点;
        //如果这个节点是目标节点，则结束搜索
        if （该节点是目标节点）
        {
```

```
            通过回溯，生成从起始节点到目标节点的路径；
        return success;
}
else
{
    for （Node的每个相邻节点NewNode）
    {
        NewCost = Node.G + TraverseCost(Node, NewNode, Agent);
        //如果NewNode已检查过，并且这次没有得到更低的代价值，则忽略它；
        if （(NewNode在Open或Closed表中) && (NewNode.G <= NewCost)）
        {
            continue;
        }
        else
        {
            //存储新的信息或改进的代价值
            NewNode.Parent = Node;
            NewNode.G = NewCost;
            NewNode.H = PathCostEstimate(NewNode.position,
            GoalPosition, Agent);
            NewNode.TotalCost = NewNode.G + NewNode.H;
            if （NewNode在Closed表中）
            {
                //因为这次可能有更低的总代价值，需要重新检查；
                从Closed表中移除；
            }
            if （NewNode在Open表中）
            {
                //因为得到了新的代价值，所以需要重新排序；
                调整NewNode在Open表中的位置；
            }
            else
            {
                将NewNode加入Open表中；
            }
        }
    } //现在完成了这个节点的处理
```

```
        }
        将Node加入Closed表中；
    }
    return failure;      //没找到路径且Open表为空；
}
```

3.2.2 用一个实例来完全理解A*寻路算法

为了更好地理解A*寻路算法，我们来看一个实例。图3.10可以看作是一个基于单元的导航图，其中白色方格表示可行走区域，黑色方格含有障碍物，是不可行走区域。节点存储了每个可行走方格的中心位置以及相关的寻路数据。

如果用方格所在的行和列来表示位置，则左上角的方格位于第1行第A列，用（1，A）来表示，起点位置位于第4行第C列，用（4，C）来表示。目标位置为（2，I）。这里需要应用A*算法找出起始位置与目标位置之间的最短路径，并且避开障碍物。

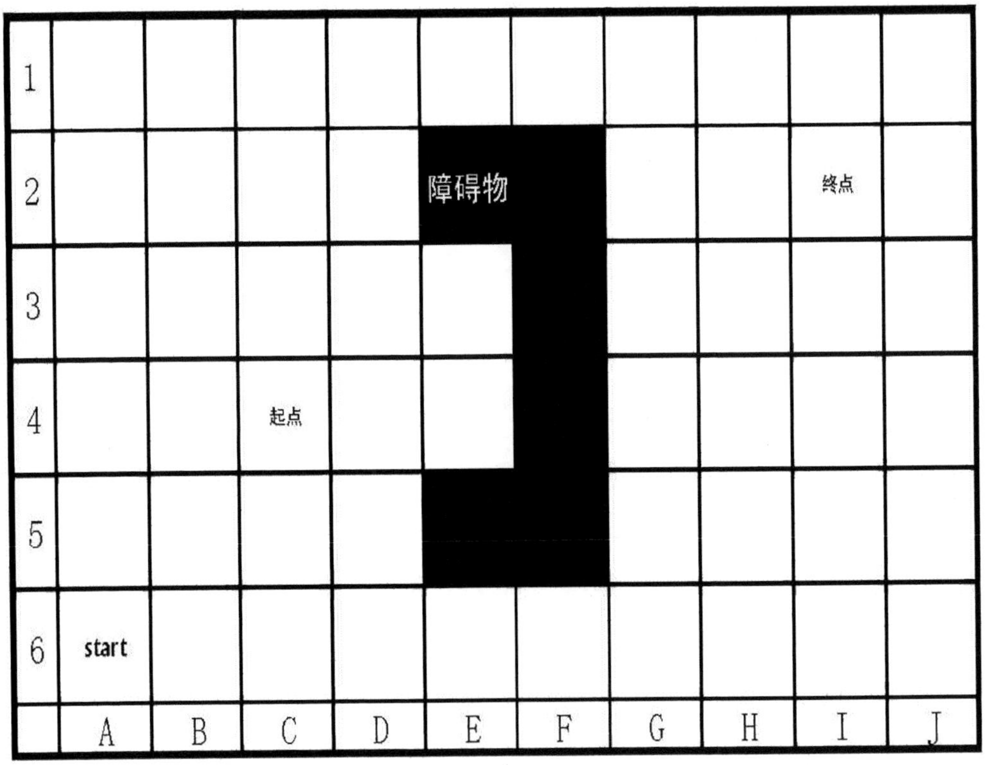

图3.10 A*寻路示例

下面来看A*算法是如何工作的。首先，它会从起始节点开始，逐步扩散到相邻节点，直到抵达目的位置所在的节点，或因无法找到可达路径而终止。

开始搜索前，需要记录待考查的节点，将这些节点记录在一个表中，称为Open表。最初的Open表只有一个节点，就是起始节点。

除了Open表，还需要一个Closed表，来记录已经被考查过，不需要再做考查的那些节点。起初这个表为空。在寻路过程中，每当某个节点的相邻节点都已经检查过后，就会将这个节点加入到Closed表中。

第1步：取出Open表中当前代价最小的节点（即为起始节点（4，C）），检查它的8个相邻节点，看它们能否是可行走的，由于它们都是可行走的，因此，将这8个节点都加入Open表（浅灰色的方格）中，如图3.11所示。

由于已经检查过起始节点周围的所有8个相邻节点，所以，将起始节点加入到Closed表（图3.11中的深灰色方格）中。

因此，这一步的结果是将8个新节点加入Open表中，而起始节点从Open表中移除，加入到Closed表中。

以上就是A*算法主循环的基本检查过程。但是算法还需要记录一些其他信息，就是节点之间的连接方式。我们需要记录Open表中每个节点的父节点，也就是AI角色走到当前位置之前经过的那个节点，如图3.11中箭头所指示的节点。

这样，当AI角色最终抵达目标位置时，就可以利用父节点间的连接关系，一路回溯到起始节点。

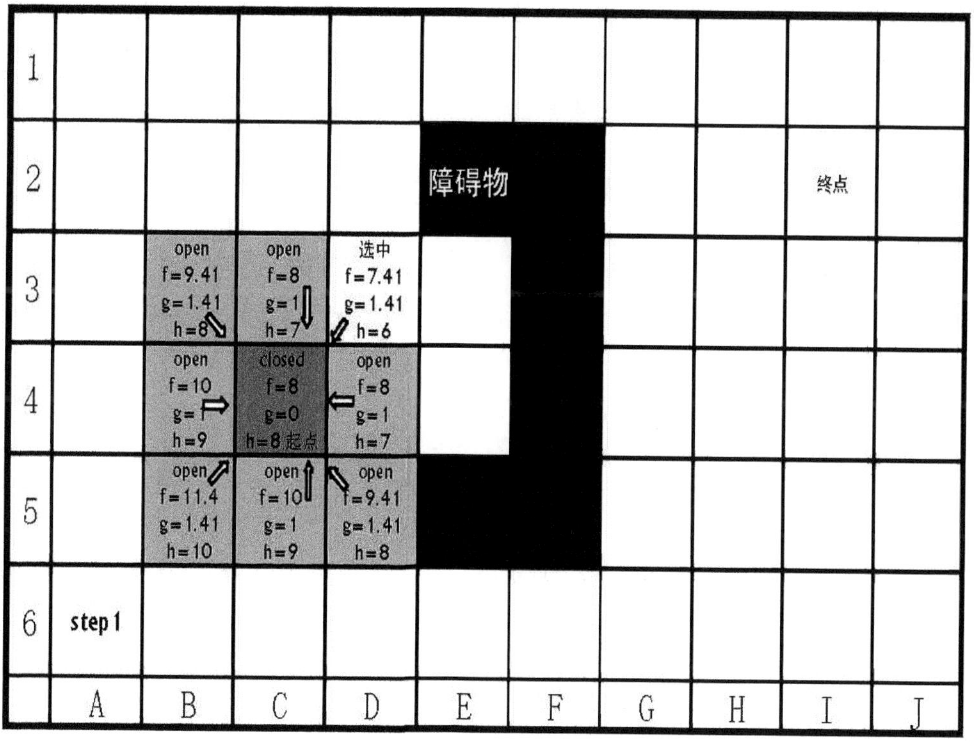

图3.11　第1步

第2步：接下来，开始进行第2轮循环，这需要从Open表中选出新的节点进行检查。第1轮循环时，Open表中只有一个节点，而现在，Open表中有了8个节点，该怎样进行选择呢？

为每个节点打分——计算每个节点的行走代价，然后选择代价最小的节点作为这一轮的考查对象。

行走代价的计算包括两部分。首先，要计算从起始节点移动到当前节点的移动代价，这个计算结果记为g，其次，还要计算出从当前节点移动到目标节点所需的移动代价h。然后把两个代价加起来，就是这个节点的总移动代价f。

那么，应该怎样计算g和h呢？计算g的方法很容易，取它父节点的g值，然后依照它相对于父节点的连接方式，增加相应的值。例如，如果和父节点是对角线连接，那么增加1.414；如果是直角连接，那么增加1。（由于搜寻是从最初位置开始，并从这里扩散出去的，因此，值也可以认为是根据父节点之间的连接关系，算出节点走回到最初位置所需的移动代价）。

但是，如何计算h呢？由于AI角色还没有到达目标位置，因此只能对这个代价做一个大致的估算，采用启发的方法。具体应用中，可以采用欧几里得距离，也可以采用曼哈顿距离，或采用其他的启发方法。这里，采曼哈顿距离，计算从当前格子到目标格子之间水平和垂直方格的数量的总和（忽略对角线方向），作为h的估计值。

然后，对g和h求和，用总得分f来确定Open表中下一个将要被检查的节点。显然，应该首先检查移动代价最低的那些节点，因为一般来说，更低的移动代价意味着更短的路径。图3.12显示出了Open表中8个节点的移动代价的计算结果。

由于每个节点上的g值表示从起始节点走到该节点上所需的移动代价，因此上下左右4个节点的g值都是1，因为它们距离起始节点的距离是1；而4个对角线上的节点（左上，右上，左下，右下）的距离大约是1.41，因此g值为1.41。

h值是启发移动成本，就是估算从当前节点到目标节点的距离。从这里可以发现，计算启发移动成本时，并没有考虑到障碍物的影响，因为这时还不知道前方障碍物的存在，所以只能做出不存在障碍物的假设。f是g和h的和，表示节点的总代价，即从起始位置移动到该位置，再从该位置走到目标位置的总估算代价。

可以看到，总移动代价f最低的节点是图3.11中标为"选中"（3，D）（如果有多个节点具有相等的最小f值，可以从中任选一个进行检查），因此接下来就检查这个节点。

对于位于（3，D）的这个节点，查看它的8个相邻节点。由于（2，5）处的节点是障碍物，所以无需检查，其他7个节点需要再次进行检查。在这7个节点中，其中有3个节点已经在Open或Closed表中，但是之前记录的g值是通过其他路径得到的，因此本轮需要再次计算通过当前节点（3，D）所得到的新g值。

以节点（3，C）为例，原g值是第一轮计算过的，结果为1，这一次需要重新计算通过节点（3，D）走到（3，C）时，是否会有更小的g值。计算方法是用节点（3，D）的g值加上从（3，D）到（3，C）的距离，其结果是1.41+1=2.41，显然大于上一轮的计算结果1，因此不需要更新相关信息。同理，节点（4，C）和节点（4，D）的信息也不需要更新。

还有4个新的节点，它们的坐标分别是（2，C），（2，D），（3，E），（4，E），将这4个新节点加入Open表中，而此时（3，D）的所有相邻节点都已检查过，遂将它加入到Closed表中。现在，为这4个新加入Open表的节点计算总代价。以（2，D）为例，g值为1.41+1=2.41，g值为5，f值为2.41+5=7.41。4个节点都计算完毕后，这一轮循环就结束了。计算结果如图3.12所示。

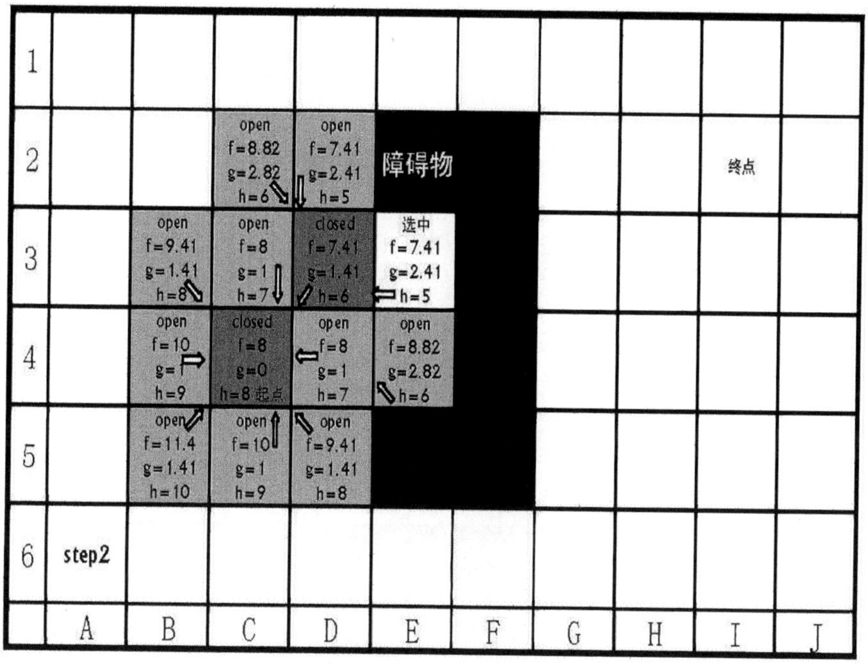

图3.12　第2步

第3步：现在进入第3轮循环。首先检查Open表，找出其中具有最低代价的节点。可以看到，有两个节点具有相等的最小代价值7.41，分别是（3，E）和（2，D），我们可以任选一个进行检查。假设选择检查位于（3，E）的节点，即图3.12中的白色"选中"（3，E）节点。

可以看到，（3，E）节点的相邻节点已经全部在Open或Closed表中，且不需要更新信息；因此，将这个节点加入Closed表中，这一轮的工作就完成了，如图3.13所示。

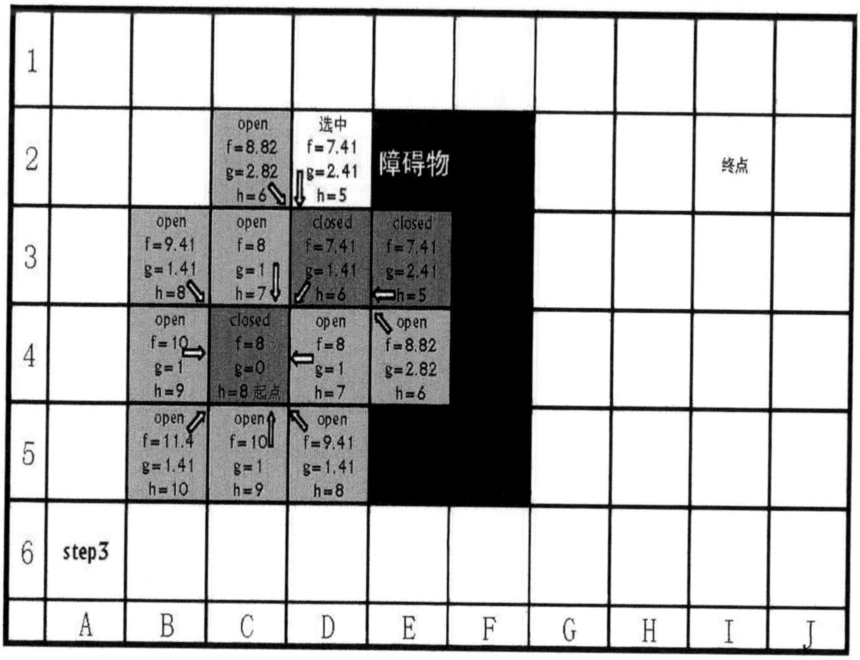

图3.13　第3步

第4步：再次检查Open表，这次具有最小代价值的节点位于（2，D），见图3.13中的"选中"节点。然后，检查（2，D）的所有相邻节点。在它的8个相邻节点中，（2，E）是障碍物，不能行走，不必考虑，（2，C）、（3，C）在Open表中，（3，D）和（3，E）在Closed表中，且无需更新信息。对于（1，E），由于有障碍物（2，E）的存在，因此不是直接可达的。那么只剩下两个节点（1，C）和（1，D）。分别为这两个节点计算g、h、f值。节点（1，C）的g值为2.41+1.41=3.82，h值不变，而节点（1，D）的g值为2.41+1=3.41，h值不变。

此时，（2，D）的所有相邻节点都已检查完毕，将（2，D）移出Open表，加入Closed表中，如图3.14所示。

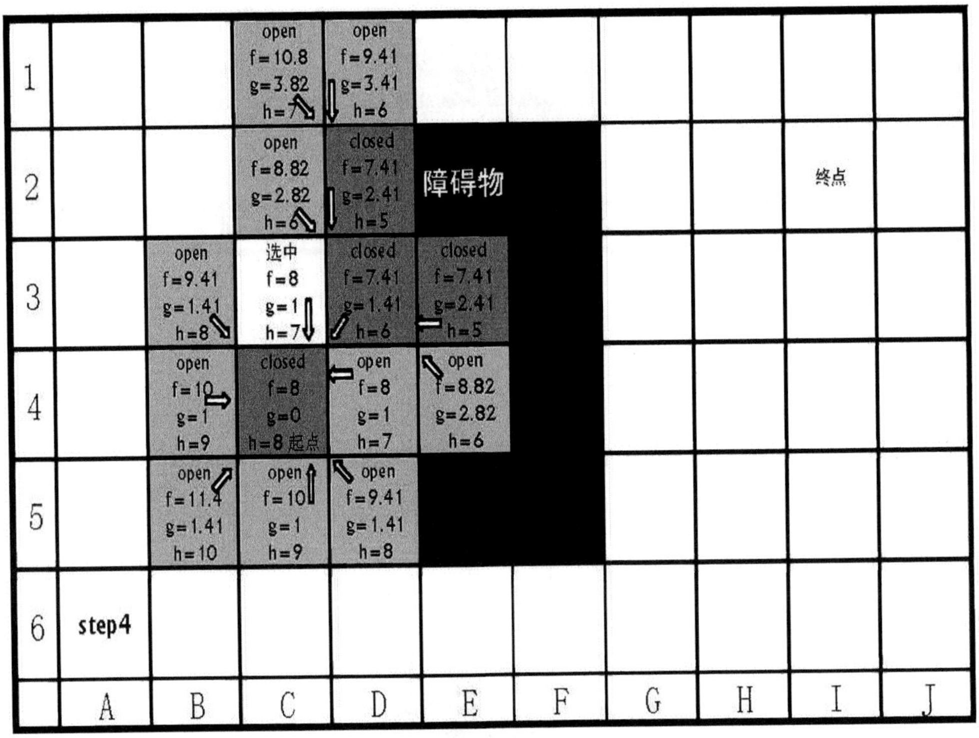

图3.14 第4步

第5步：检查Open表，具有最小代价值的节点有两个，它们的f值都是8，分别位于（3，C）和（4，D）。选择（3，C）进行检查。然后，检查（3，C）的所有相邻节点。从图3.14中可以看到，在它的8个相邻节点中，有7个已经在Open或Closed表中，重新计算它们的g值可以发现，节点（2，C）需要进行更新，因为此时它的新g值为1+1=2，小于之前记录过的2.82，因此，对节点（2，C）的g值和f值进行更新，并且这个节点的父节点变为（3，C）。其他节点的相关信息无需更新。

现在还剩下1个节点（2，B）没有检查过，计算它的g、h、f值，将它加入Open表中。

这样，节点（3，C）的所有相邻节点都已检查完毕，将它移入Closed表中，如图3.15所示。

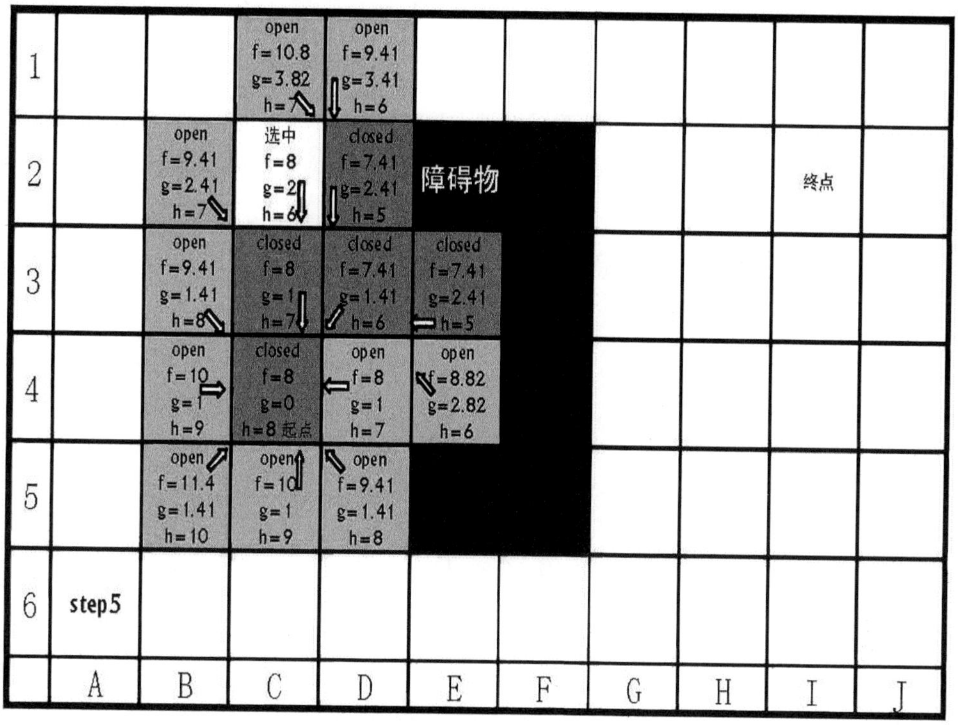

图3.15　第5步

重复上面的过程，直到目标点也进入Open表中。此时，沿着节点中的箭头回溯，就可以找到从起始点到目标点的路径。图3.16～图3.27给出了之后的A*循路算法单步节点计算的示意图。

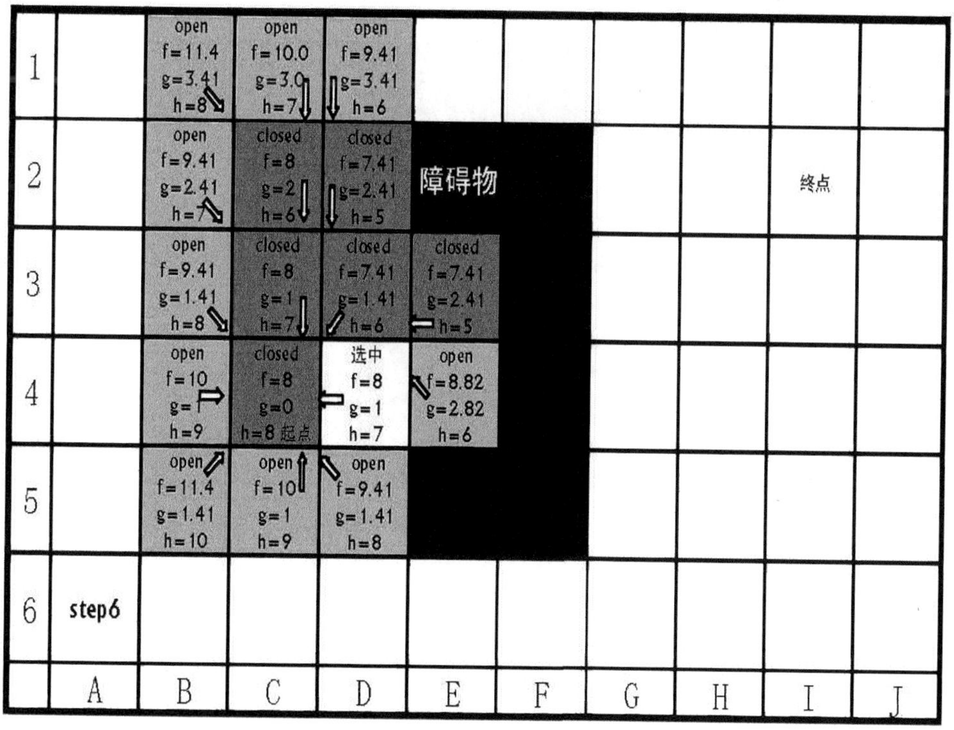

图3.16　第6步

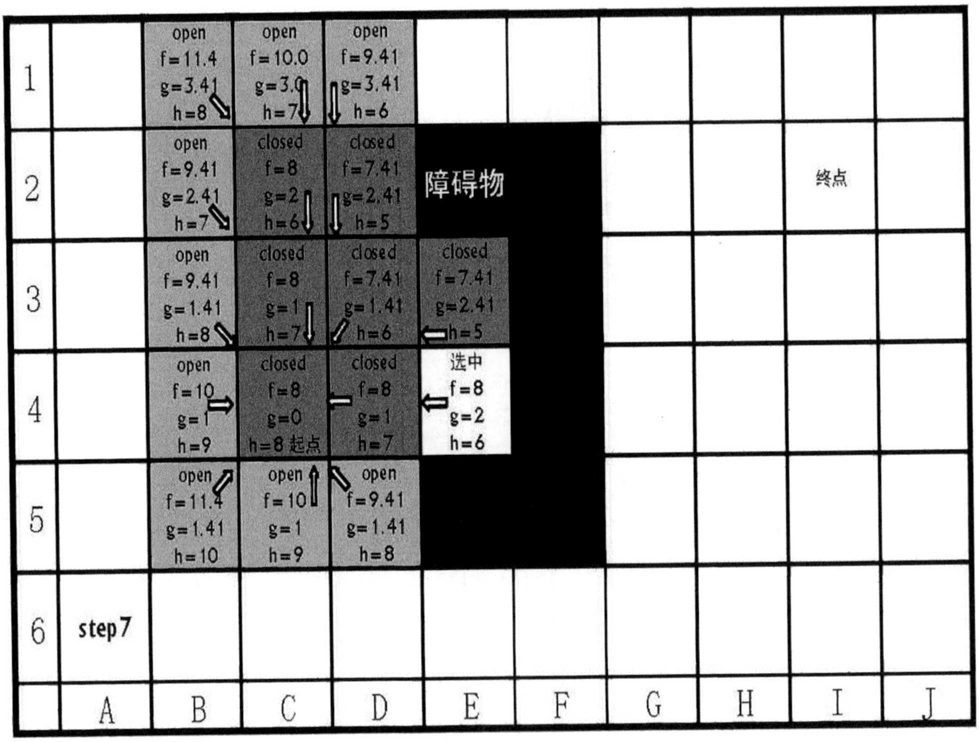

图3.17　第7步

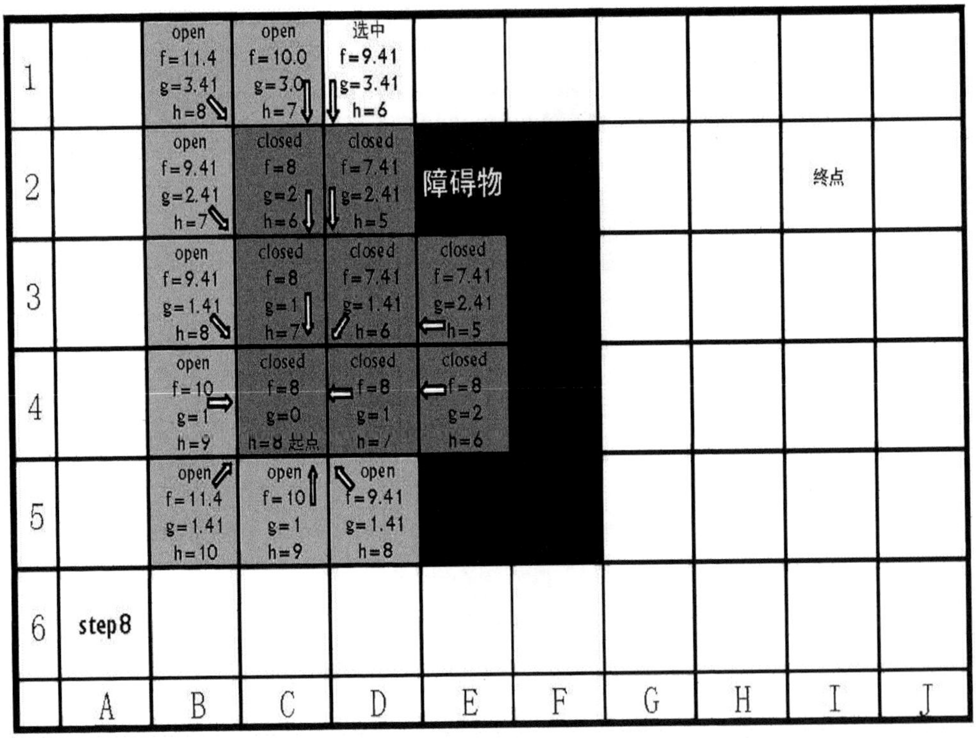

图3.18　第8步

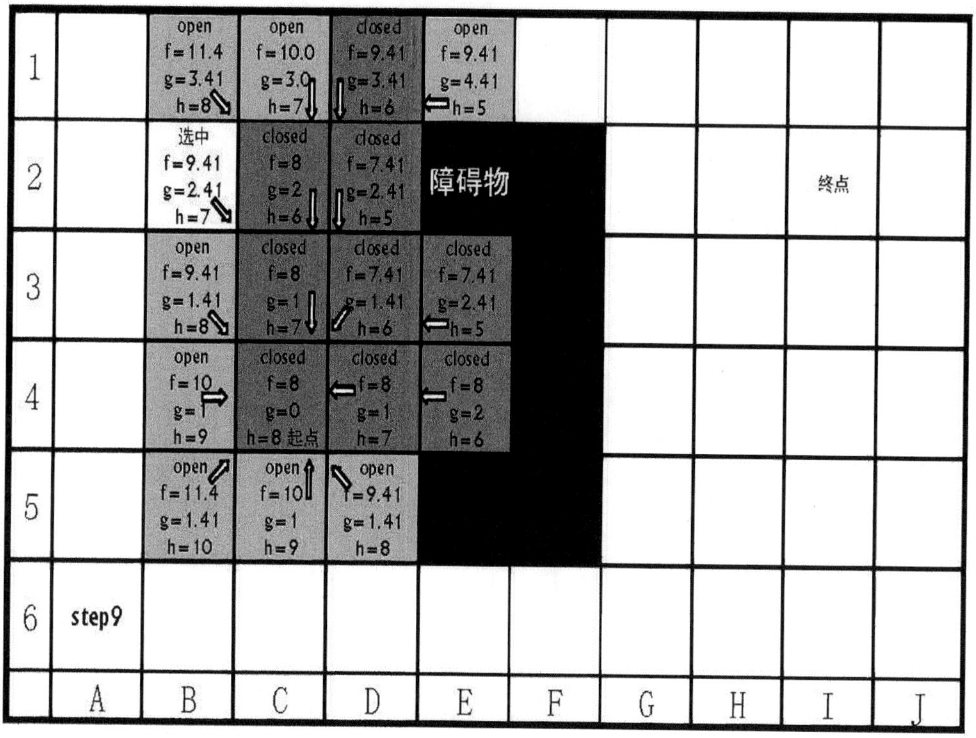

图3.19　第9步

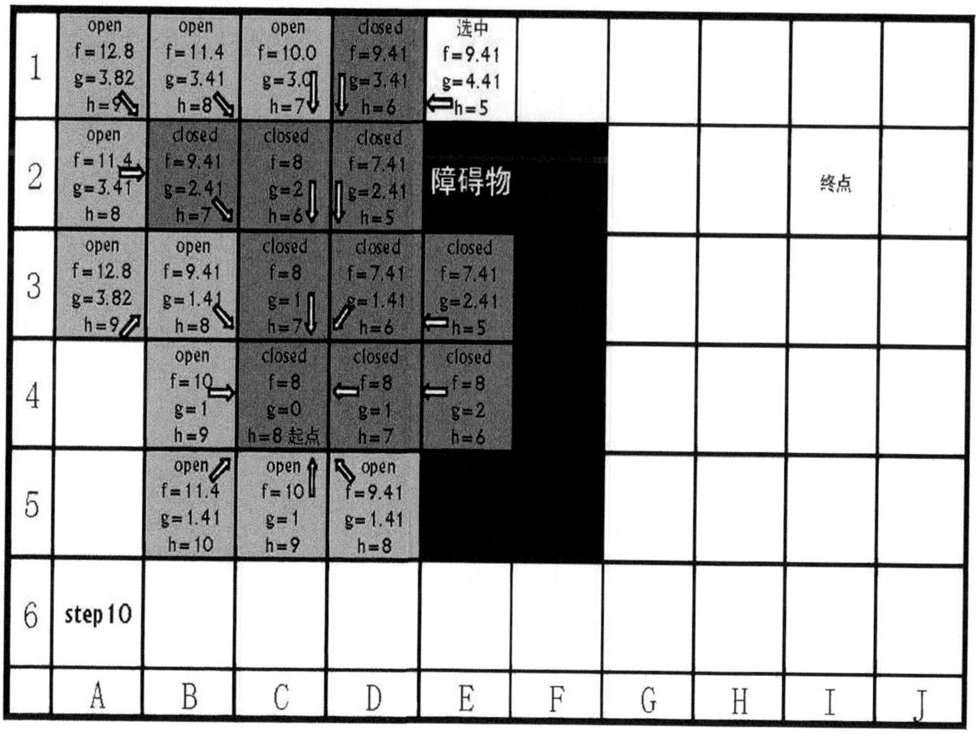

图3.20　第10步

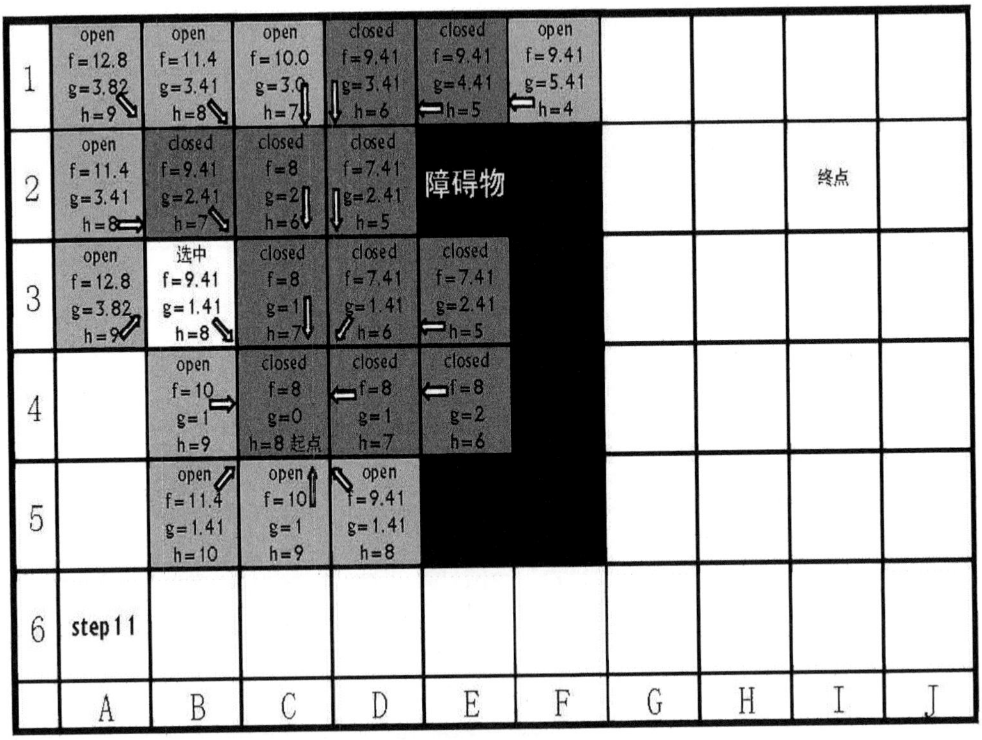

图3.21　第11步

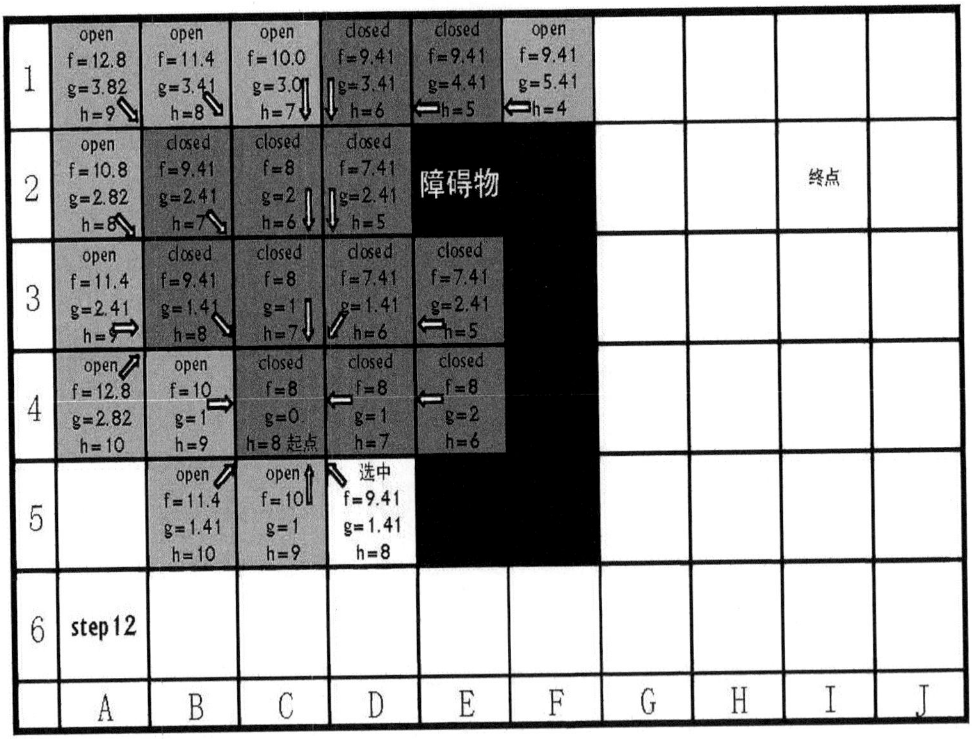

图3.22　第12步

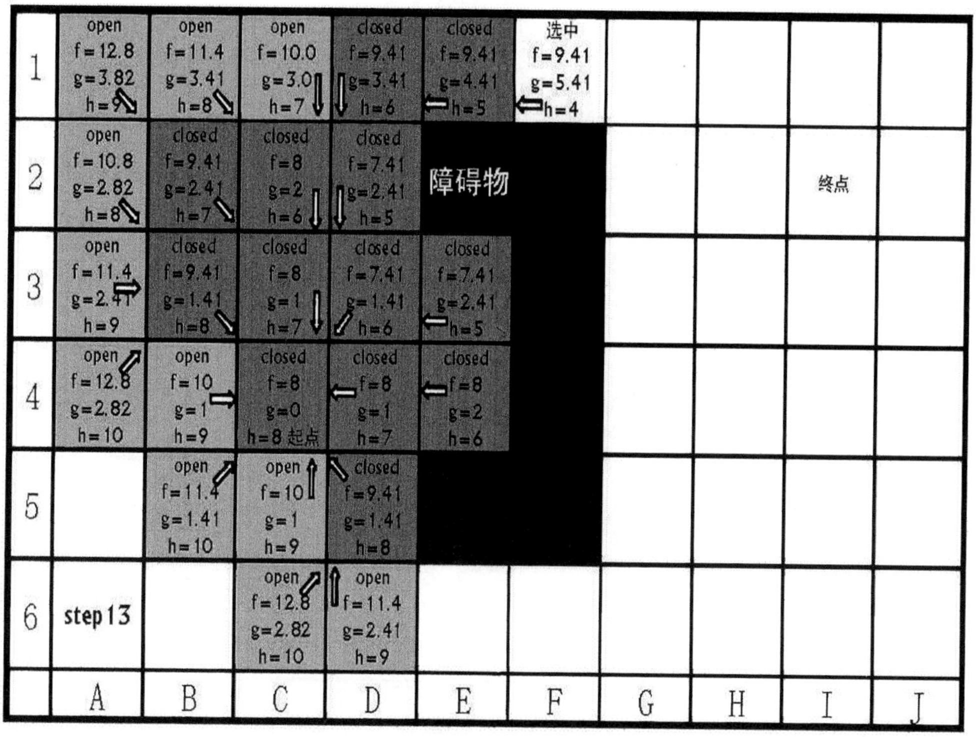

图3.23　第13步

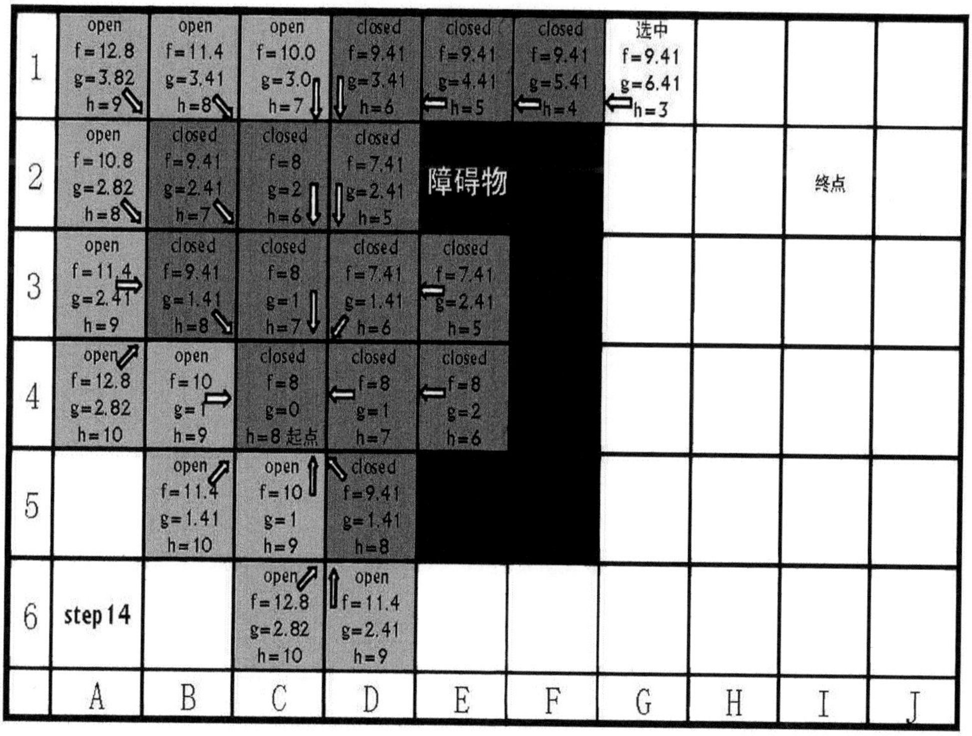

图3.24　第14步

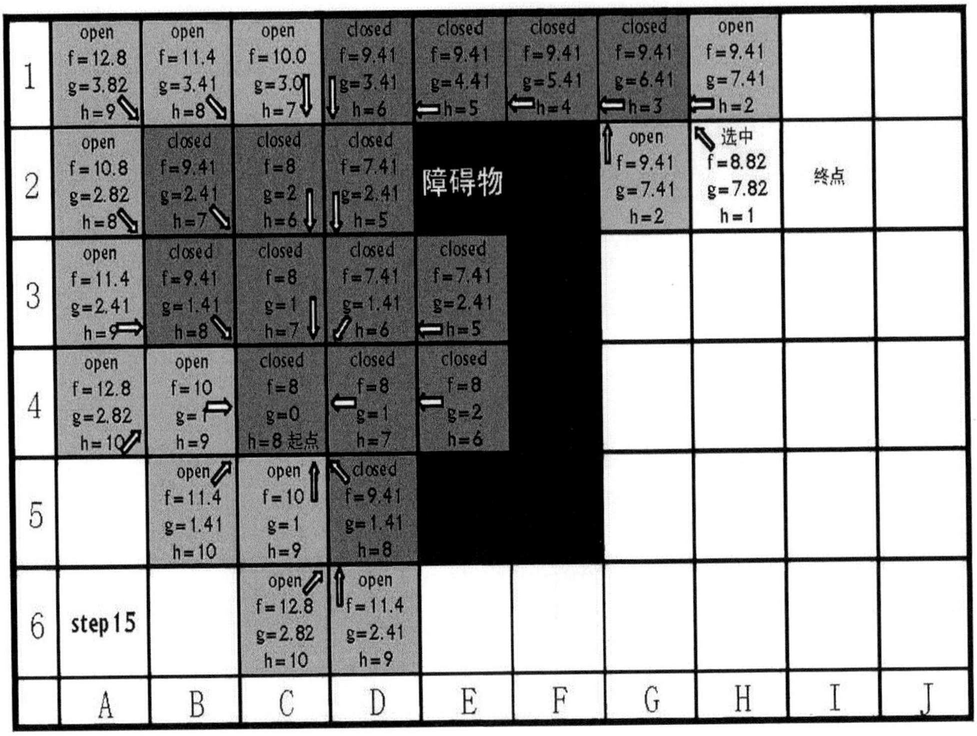

图3.25　第15步

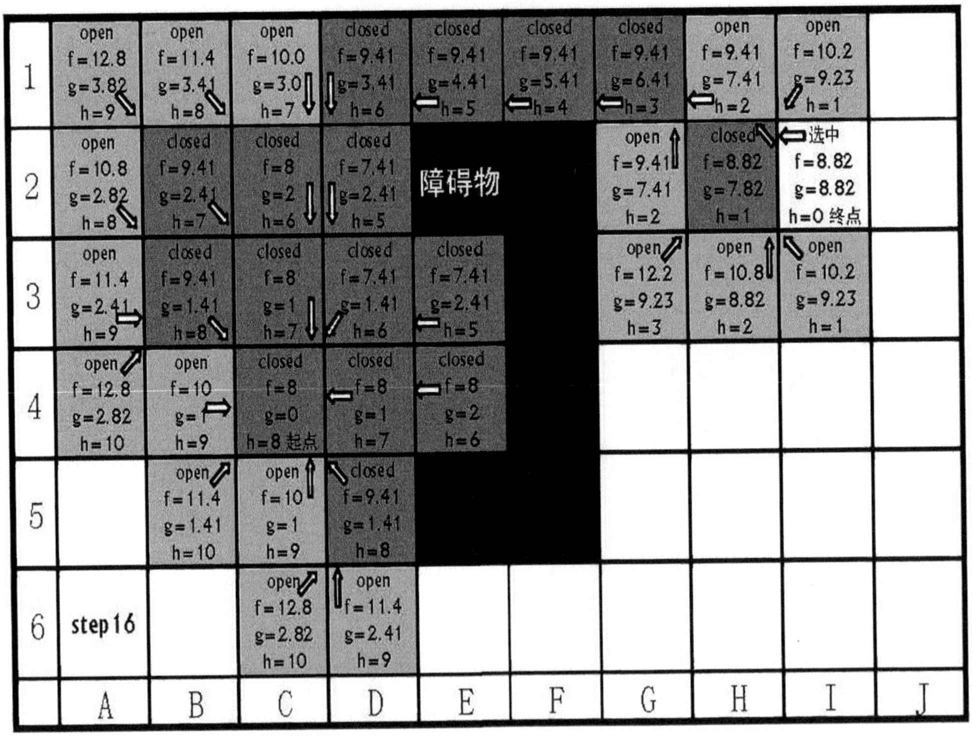

图3.26　第16步

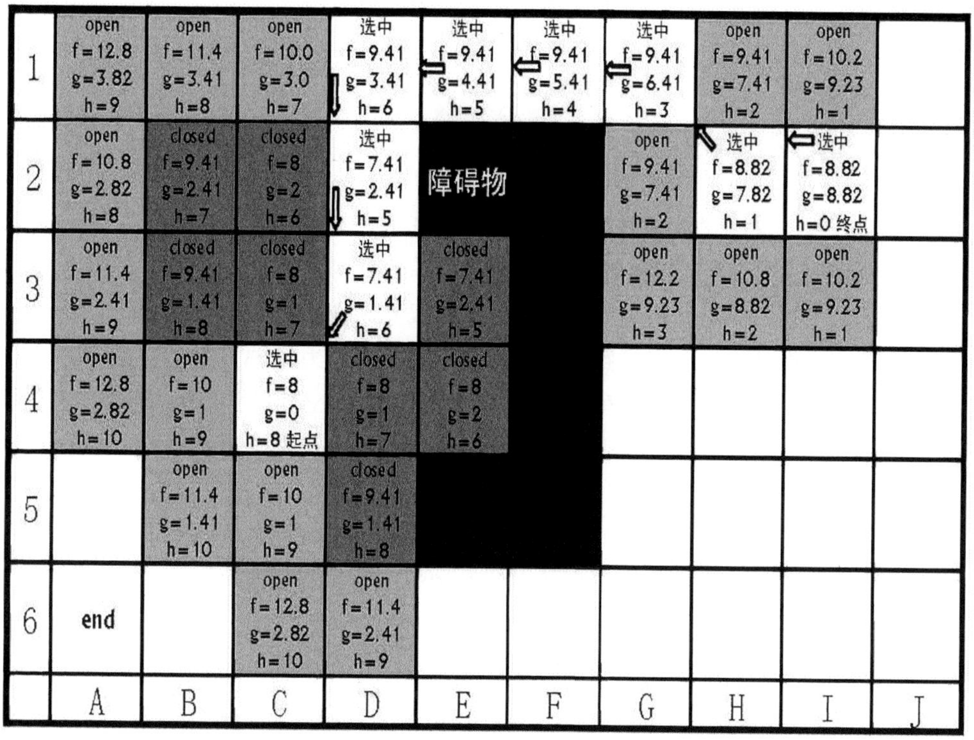

图3.27 通过箭头回溯，白色的"选中"节点标识了最终路径

3.3 用A*算法实现战术寻路

到现在为止，看上去A*寻路只能用来计算起始点到目标点之间的最短路径，实际上，A*寻路的强大远不止于此。

在实际游戏中，很多时候，最短路径并不是最好的选择。需要寻路的AI角色可能是人类、也可能是善于游泳的怪物、坦克或舰船，它要面对多变的地形，如可能是山地、森林，也可能是沼泽、河流。每种AI角色都有自己的特点，可能很善于穿越某些地形，而对另一些地形却束手无策或笨手笨脚。例如，一个人类士兵可以很容易地在森林中穿梭行走，而坦克就有一些困难；另外，最好也不要让坦克在山地上行驶，因为这样可能会暴露它的底部，使它容易遭到攻击，而且坦克也不能急转弯（sharp turn）。

还有一些情况下，我们希望AI角色能够避开强火力区域，选择更为安全的路线，或是为了进行伏击，选择迂回隐蔽的路线。为了让AI角色更聪明灵活，就需要用到战术寻路。

先来看看在《杀戮地带（KillZone）》游戏中，设计者是怎样考虑的。图3.28摘自2005年GDC大会上关于Killzone的报告，这3个图都是俯视图。

图3.28（a）中，长方形物体表示墙，其中黑色的代表较高的墙体——它能够为AI角色提供完全的遮挡，而灰色的部分表示较矮的墙体——能为AI角色提供部分遮挡。一个AI角色A正

躲在矮墙后开火，图中的灰色三角形就是火力覆盖范围。这时，在这个角色右边的另一个角色B想要到左边的一个目标点去，如果可选的路线有两条——图中带箭头的两条曲线，这时，B该选择哪条路线呢？

显然，我们会选择下面的那条路线（哪怕上面的路线看上去要更近一些），因为我们希望B能够表现得更聪明一些，知道应该避开危险的火力区域。

图3.28（b）中，灰色的区域表示火力区域，位于左上角的角色想到右边的目标位置去，在两条带箭头的曲线中，它该选择哪一条路线呢？

很明显，虽然上面的路线更近，可由于这条路线几乎全程都在火力区域内，很不安全；相反，下面的路线虽然更远，但是路上却有墙体能够提供火力掩护，路径只有一小部分暴露在火力区域中，所以，我们希望AI角色能选择下面的路线，充分利用可能的掩体。

图3.28（c）中，位于左下角的角色想到位于右上角的目标位置去，那以，两条曲线路径中，该选择哪一条呢？

左边的路径显然更近更直接，如果AI角色不会面临任何危险，也不需要隐藏行踪的话，那么可以选择这条路径，而当附近存在敌人，或是AI角色希望悄悄接近敌人的情况下，右边的路径就是更好的选择了。

这样就面临一个问题，当不想选择距离最短的路径，而希望考虑到其他因素，例如安全性、隐蔽性的时候，该怎样找到想要的路线呢？

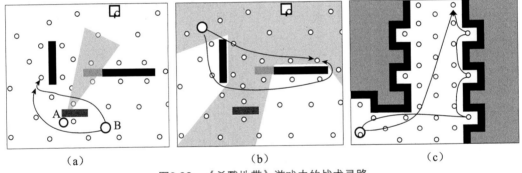

图3.28 《杀戮地带》游戏中的战术寻路

实现战术寻路的思路其实很简单，就是为不同区域赋予不同的代价值。前面说过，A*寻路的目标就是要寻找一条从起点到终点的总代价最小的路径，那么，要实现战术寻路，只需增加危险或困难的区域（例如强火力区域或沼泽等）的代价值，A*就会尽量避开这些区域，而选择更安全或容易的路径。

图3.29和图3.30同样来自2005年GDC大会上关于游戏《杀戮地带》的报告。可以看出，白色圆圈和它们之间的连线组成了一个可视点导航图，连接白色圆圈的线段是可行走的，线段旁边标注的数字是这段路程的行走代价，目前，这个代价与边的长度成正比。右上侧的方格是敌人的位置，黑色长方体仍然表示高的墙体，灰色长方体表示较矮的墙体。带箭头的较粗的黑色曲线是A*算法返回的路径。可以看到，这个路径大部分都处于敌人的火力攻击范围内，这让我们的AI角色冒很大的危险。

接下来再看图3.30，这张图与图3.29唯一的不同之处就是，为每条边修改了行走代价。修改规则是这样的。

规则1 如果这条边的两个顶点都位于敌人火力攻击范围内,那么将这条边的行走代价加50;
规则2 如果这条边只有一个顶点位于敌人火力攻击范围内,那么将这条边的行走代价加25;
规则3 其他边的代价保持原值不变。

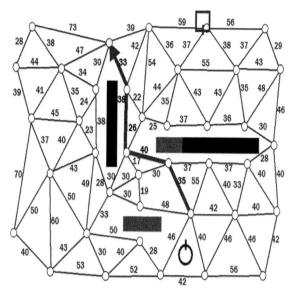

图3.29 未采用战术寻路时,得到的规划路线

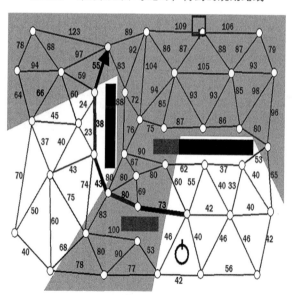

图3.30 战术寻路方法以及得到的规划路线

图3.30中的灰色区域表示敌人的火力攻击范围。与上面规则相应,两个顶点都在灰色区域内的边满足规则1,只有一个顶点在灰色区域内的边满足规则2,而两个顶点都不在灰色区域的那些边满足规则3。

为这些边赋予了新的行走代价之后,重新运行A*算法,这次得到的路径是图3.30中黑色较粗的曲线。可以看出,这条路径尽可能利用了障碍物的遮挡,尽量避开敌人的攻击火力区域。对于AI角色来说,这条新路径看上去比前面那条路径安全多了!

3.4　A* Pathfinding Project插件的使用

A*寻路看似简单，但是实现起来有一定的难度，需要有较强的算法功底。不过，幸运的是，Unity Asset Store中已经有了现成的A*寻路插件——A* Pathfinding Project，它有免费和收费两个版本，对一般应用来说，免费版就已经足够。

这个插件的作者是Aron Granberg，从官网上可以下载到它的免费版，也可以购买功能更加强大的收费版本，免费版的下载地址是http://arongranberg.com/astar/download。

A* Pathfinding Project是一个非常好用的A*寻路插件，性能很高，并且源代码是完全开放的。与Unity3D自带的寻路系统相比，它最大的优点就是适用范围广，还可以根据不同的应用要求，自己修改代码，实现A*寻路的各种灵活变种。

3.4.1　基本的点到点寻路

先介绍怎样使用这个插件。下载该插件后并将之导入Unity3D，可以发现，在Component菜单栏多出了"Pathfinding"一项，它的子菜单包含Modifiers、Navmesh、AI、Local Avoidance、Pathfinder和Seeker等项，如图3.31所示。

在Project窗口→Assets中，可以看到AstarPathfindingProject，展开可以看到ExampleScenes，可以先运行一下这些示例场景，对这个插件有一个直观的认识。

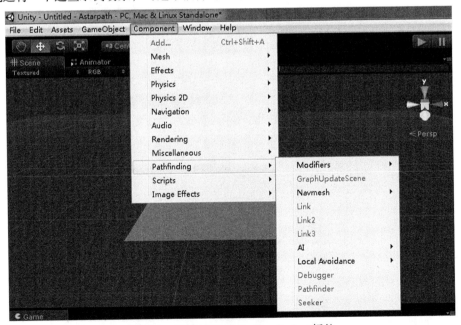

图3.31　使用A* Pathfinding Project插件

接下来，尝试用这个插件做一个简单的A*寻路场景。

步骤1：导入模型动画包。

步骤2：新建一个场景，单击【Edit】→【Project Settings】→【Tags and Layers】，创建Obstacles和Ground层，其中Ground层为可行走的部分。

步骤3：创建一个平面并设置合适的大小。在Inspector面板中，将Trams form组件中的Scale参数设置为10，1，10，将Layer设置为Ground。

步骤4：在Ground平面上添加一些障碍物（如墙体），如图3.32所示。在Inspector面板中，将Layer设置为Obstacles，这一层是在寻路时需要避开的。

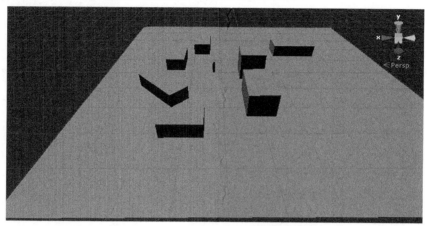

图3.32 行走平面和需要避开的障碍物

步骤5：在场景中添加A*寻路组件。创建一个空物体，命名为"A*"。单击【Component】→【Pathfinding】→【Pathfinder】，这时可以看到，Inspector面板中出现了一个Astar Path，它包含Graphs、Settings、Save&Load、Optimization和About这5个部分。

单击Graphs，提示添加新的Graph。这里Graph的种类包含Grid Graph、Layered Grid Graph、NavMeshGraph、PointGraph、QuadtreeGraph、RecastGraph，如图3.33所示，可用来选择不同的导航图类型。

先创建一个基于单元的导航图。在图3.33中选择并单击Grid Graph，会生成一个一个

图3.33 可选择不同的导航图类型

width*depth的规则网格。将Node Size设置为1，表示节点之间的间距为1个单元，将Center的X和Z坐标设置为（0，-0.1，0）（X、Z与刚才添加的平面相同）。这里将Y坐标设置为-0.1，是因为这样可以避免浮点数带来的误差。由于ground已经位于Y=0，如果再将Grid Graph的Y坐标设置为0，在投射射线到平面的时候，可能会产生浮点误差。

高度测试：为了让节点位于正确的高度，A*寻路系统会在网格上方Ray Length高度处，向下发出一系列射线，检测它们与其他物体（比如地形Terrain或障碍物）的碰撞点。每当发生碰撞时，便放置一个节点。采用这种方式来确定每个网格点的实际高度，从而使网格真

正地适合于高低起伏的地形，而不仅仅是一个平面网格。如果射线不与任何物体碰撞，那么这个位置就被认为是不可行走的。

这里需要改变Mask的值，因为默认值是everything，即将障碍物也包含在内。显然我们不希望AI角色在障碍物上面行走，因此，设置Mask只包含"Ground"层就可以了。

碰撞测试：当放置好一个节点后，寻路系统会检查它的可行走性，因为角色都是有体积的，坦克显然不能通过一条窄得只能供一个人行走的小路，所以还要进行相应的碰撞测试，以确定AI角色不会碰到其他障碍物。这个碰撞测试可以采用一个球体，也可以用一个胶囊或射线。通常采用胶囊，它具有与要寻路的AI角色相等的半径和高度，最好还留下一些余量。

假设AI角色的包围盒（角色控制器中的Capsule）的半径为1，高度为2，那么可以将碰撞测试的半径和高度都设置为2。这里留了一些余量，因为一般我们不希望AI角色刚好能从某个空隙中挤过去。

然后，为了让系统意识到有放置的障碍物，需要改变碰撞测试的Mask，这次将它设置为只包含"Obstacles"层就可以了。

图3.34所示为Grid Graph的参数设置。

单击Inspector面板Astar Path部分最下方的Scan，就可以看到生成的网格了，如图3.35所示。

图3.34　Grid Graph的参数设置

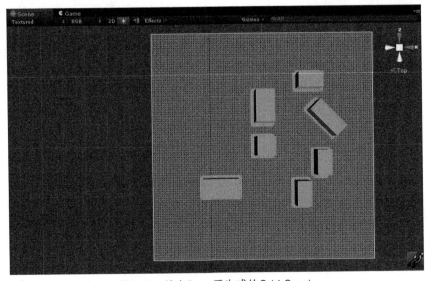

图3.35　单击Scan后生成的Grid Graph

步骤6：添加角色。将带动画的角色拖入场景中，将它放在地面上；调整相机位置，使相机能够看到它；设置好行走动画循环播放（可以在Inspector面板中将Wrap Mode选择为Loop，也可以通过脚本设置）；为它添加一个Character Controller组件（注意一定要将Character Controller中的Center、Radius、Height等属性设置好，否则可能会出现无法行走而直接穿过平面掉下的情况）；单击【Component】→【Pathfinding】→【Seeker】，为角色添加Seeker组件；为角色添加AstarAI.cs脚本，使它能够寻路和移动。图3.36所示为AI角色的Inspector面板。

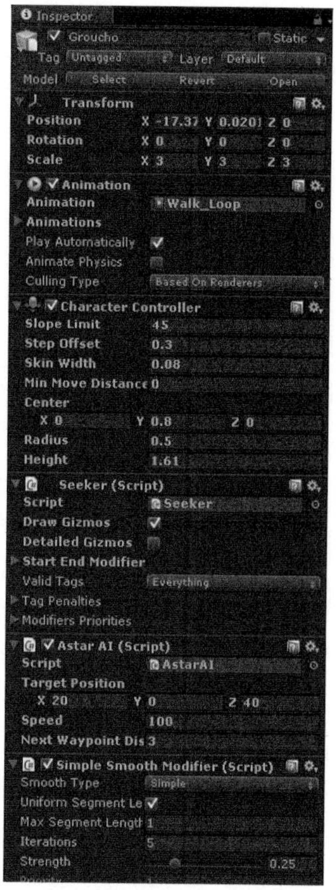

图3.36 AI角色的Inspector面板

代码清单3-1　AstarAI.cs

```csharp
using UnityEngine;
using System.Collections;
//注意一定要加上这一行，否则编译器会报错；
using Pathfinding;
public class AstarAI : MonoBehaviour
{
    //目标位置；
    public Vector3 targetPosition;
    //声明一个Seeker类的对象
    private Seeker seeker;
    private CharacterController controller;
    //一个Path类的对象，表示路径；
    public Path path;
    //角色每秒的速度；
    public float speed = 100;
    //当角色与一个航点的距离小于这个值时，角色便可转向路径上的下一个航点；
    public float nextWaypointDistance = 3;
    //角色正朝其行进的航点
    private int currentWaypoint = 0;
    void Start ()
    {
        //获得对Seeker组件的引用；
        seeker = GetComponent<Seeker>();
        controller = GetComponent<CharacterController>();
        //注册回调函数，在Astar Path完成寻路后调用该函数；
```

```csharp
        seeker.pathCallback += OnPathComplete;
        //调用StartPath函数，开始到目标的寻路；
        seeker.StartPath (transform.position, targetPosition);
}
void FixedUpdate ()
{
    if (path == null)
        return;
    //如果当前路点编号大于这条路径上路点的总数，那么已经到达路径的终点；
    if (currentWaypoint >= path.vectorPath.Count)
    {
        Debug.Log ("End of Path Reached");
        return;
    }
    //计算出去往当前路点所需的行走方向和距离，控制角色移动；
    Vector3 dir = (path.vectorPath[currentWaypoint] - transform.position).normalized;
    dir *= speed * Time.fixedDeltaTime;
    controller.SimpleMove (dir);
    //角色转向目标；
    Quaternion targetRotation = Quaternion.LookRotation (dir);
    transform.rotation = Quaternion.Slerp (transform.rotation, targetRotation, Time.deltaTime*turnSpeed);
    //如果当前位置与当前路点的距离小于一个给定值，可以转向下一个路点；
    if (Vector3.Distance( transform.position, path.vectorPath[currentWaypoint]) < nextWaypointDistance)
    {
        currentWaypoint ++;
        return;
    }
}
//当寻路结束后调用这个函数
public void OnPathComplete (Path p)
{
    Debug.Log ("Find the path "+p.error);
    //如果找到了一条路径，那么保存，并把第一个路点设置为当前路点；
    if (!p.error)
    {
```

```
            path = p;
            currentWaypoint = 0;
        }
    }
    void OnDisable()
    {
        seeker.pathCallback -= OnPathComplete;
    }
}
```

在Inspector面板中为AstarAI的目标位置Target Position赋值（例如，（20，0，40）），运行这个场景，可以看到一条log消息，并且在Scene面板中出现了一条绿色的路线，这条路线便是从角色的当前位置到目标位置的规划路线，如图3.37所示。而在Game面板中，可以看到角色直接沿着路线走向目标点（此时绿色路线不可见）。

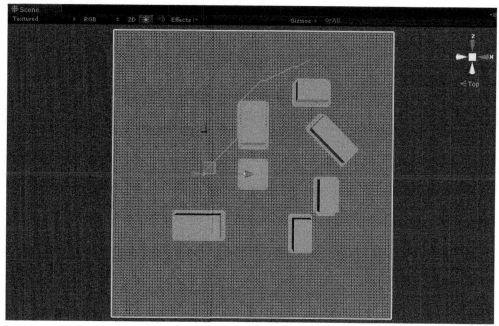

图3.37　绿色曲线为运行A*算法后得到的路径

找到的路径看上去很不错，不过如果能平滑一些就更好了！

步骤7：路径平滑。在Path Modifiers中包含了路径平滑和简化的脚本，其中的一部分也可以通过【Component】→【Pathfinding】→【Modifiers】添加。这里选择Simple Smooth modifier（【Component】→【Pathfinding】→【Modifiers】→【Simple Smooth】），将它添加到角色的Inspector面板中。

这个modifier的功能是多次细分路径，直到每一小段都小于Max Segment Length变量，然后对路径进行平滑。这里将Max Segment Length设置为1，Iterations设置为5，Strength设置为0.25。

再次运行场景，可发现路径看上去平滑了许多！

3.4.2 寻找最近的多个道具（血包、武器、药等）

前面讲到的A*寻路都是只有一个起始点，一个目标点，寻路目的是找到起始点到目标点之间的路径。但是，当应用中可能有多个目标点时，例如寻找最近的气矿、寻找最近的敌人、寻找最近的光源，或是蜜蜂寻找最近的采蜜位置等，这时该怎么办呢？一种办法是采用动态规划寻路，另一种办法就是应用A* Pathfinding Project Pro插件提供的多目标路径功能。

下面来看一个实际例子，说明多目标寻路是如何进行的。

步骤1：导入A Pathfinding Project Pro插件包，导入模型动画包。

步骤2：新建一个场景，单击【Edit】→【Project Settings】→【Tags and Layers】，创建Obstacles和Ground层。

步骤3：创建一个平面，设置好尺寸。在Inspector面板中，将Layer设置为Ground。

步骤4：在场景中添加一些障碍物（如墙体），在Inspector面板中，将Layer设置为Obstacles。

步骤5：设置一些目标点，这里创建了一些球体，作为目标点。然后，创建一个空物体，命名为"TargetPoints"，将创建的那些目标点拖入到这个空物体下作为子物体。

图3.38中长方体为障碍物，也可以作为掩体，7个半球体为可能的目标点，例如，这7个位置都有敌人。我方的AI角色想选择最近的敌人作为攻击对象。

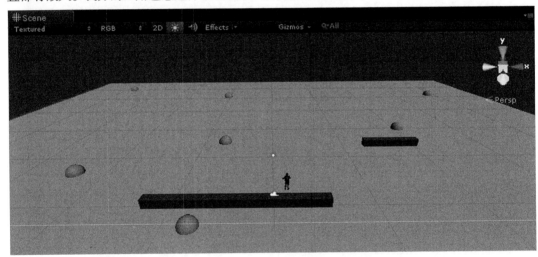

图3.38　场景设置

步骤6：在场景中添加A*寻路组件。创建一个空物体，名为"A*"。这里和3.4.1小节中的例子一样，选择Grid Graph，并设置好相应的参数，然后扫描，建立基于单元的导航图。

步骤7：将带动画的角色模型拖入场景，设置默认动画为Walk，warpMode为Loop，为角色加上Character Controller组件，并且调整好Center的位置，再为角色加上Seeker组件【Component】→【Pathfinding】→【Seeker】，然后添加MultiTargetsPath.cs脚本，为了使路径更加平滑，还可以单击【Component】→【Pathfinding】→【Modifiers】→【Simple Smooth】，加上SimpleSmoothModifier.cs脚本，如图3.39所示。

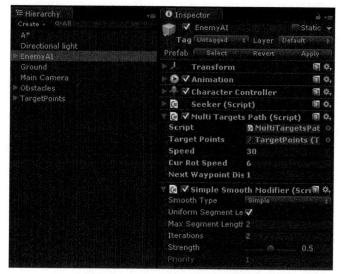

图3.39　EnemyAI的Inspector面板

代码清单3-2　MultiTargetsPath.cs

```
using UnityEngine;
using System.Collections;
using System.Collections.Generic;
using Pathfinding;
public class MultiTargetsPath : MonoBehaviour {
    public Transform targetPoints;
    private CharacterController controller;
    //一个Path类的对象,表示路径;
    public Path path;
    //角色每秒的速度;
    public float speed = 80;
    public float curRotSpeed = 6.0f;
    //当角色与一个航点的距离小于这个值时,角色便可转向路径上的下一个航点;
    public float nextWaypointDistance = 3;
    //角色正朝其行进的航点
    private int currentWaypoint = 0;
    void Start () {
        //获得Seeker组件;
        Seeker seeker = GetComponent<Seeker>();
        controller = GetComponent<CharacterController>();
        //设置路径完成时的回调函数;
        seeker.pathCallback = OnPathComplete;
```

```csharp
        //设置寻路的目标点数组，即targetPoints的所有子物体的位置;
        Vector3[] endPoints = new Vector3[targetPoints.childCount];
        int c = 0;
        foreach (Transform child in targetPoints) {
            endPoints[c] = child.position;
            c++;
        }
        //由于这里我们只需要找到最近的路径，所以将最后一个参数选为false;
        seeker.StartMultiTargetPath (transform.position,endPoints,false);
    }
    void FixedUpdate ( )
    {
        if (path == null)
            return;
        //如果当前路点编号大于这条路径上路点的总数，那么已经到达路径的终点;
        if (currentWaypoint >= path.vectorPath.Count)
        {
            Debug.Log ("End of Path Reached");
            return;
        }
        //计算出去往当前路点所需的行走方向和距离，控制角色移动;
        Vector3 dir = (path.vectorPath[currentWaypoint] - transform.position).normalized;
        dir *= speed * Time.fixedDeltaTime;
        controller.SimpleMove (dir);
        Quaternion targetRotation = Quaternion.LookRotation (dir);//destPos - transform.position);
        transform.rotation = Quaternion.Slerp (transform.rotation, targetRotation, Time.deltaTime*curRotSpeed);
        //如果当前位置与当前路点的距离小于一个给定值，可以转向下一个路点;
        if (Vector3.Distance ( transform.position, path.vectorPath[currentWaypoint]) < nextWaypointDistance)
        {
            currentWaypoint ++;
            return;
        }
    }
    public void OnPathComplete (Path p)
```

```
    {
        //Debug.Log ("Find the path "+p.error);
        //如果找到了一条路径，那么保存，并把第一个路点设置为当前路点；
        if (!p.error)
        {
            path = p;
            currentWaypoint = 0;
        }
    }
}
```

运行游戏。为了更好地判断距离，这里的截图为俯视图。可以看出，我方的AI角色成功地从多个目标点中找到了最近的一个，如图3.40所示。（虽然AI角色与下方的半球体的绝对距离较近，但是由于中间存在一堵墙这个障碍，因此实际距离更远。）

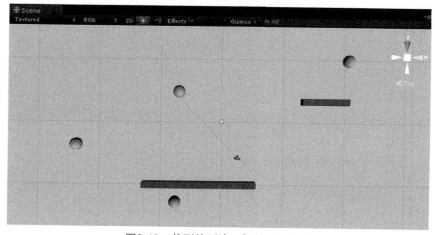

图3.40　找到的到达目标的最短路径

如果从场景中把墙移除，那么这次找到的最短路径将如图3.41所示。

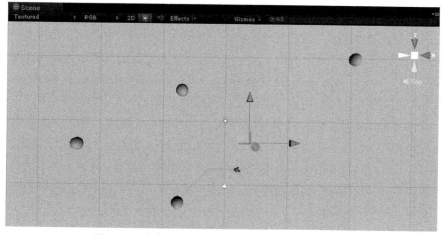

图3.41　移除墙体后，找到的到达目标的最短路径

3.4.3 战术寻路——避开火力范围

图3.42中，长方体是可以作为掩体的墙，下面的士兵是AI角色，处于屏幕中央偏上的士兵表示玩家，从玩家延伸出的线表示玩家的攻击范围——一个扇形。屏幕偏右上方的小球代表AI士兵进行寻路时的目标位置，这里，AI角色试图寻找一条通往绿色小球的路，希望找到的路径尽可能地避开玩家的火力攻击范围。

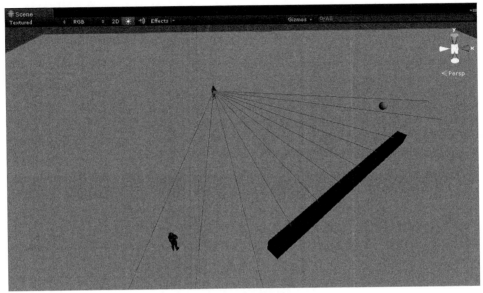

图3.42 游戏场景的设置

步骤1：首先，导入A Pathfinding Project插件包，导入模型动画包。

步骤2：新建一个场景，单击【Edit】→【Project Settings】→【Tags and Layers】，创建Obstacles、Ground层。

步骤3：创建一个平面，设置好尺寸。在Inspector面板中，将Layer设置为Ground。

步骤4：在场景中添加一些障碍物（如墙体），在Inspector面板中，将Layer设置为Obstacles。

步骤5：在场景中添加A*寻路组件。

这里需要考虑A*寻路时采用哪种地形表示。从前面的说明可以看出，如果采用网格导航图，寻找路径时，需要逐个遍历网格，搜索的点较多，更严重的是战术寻路需要对每个网格进行视线测试（LOS），而视线测试的消耗很大，因此多的搜索点和高的视线测试消耗，会大大降低寻路算法的效率，即使寻找一条路径也需要更长的时间。

另一个选择是采用导航网格。如果采用自动生成的导航网格，那么会生成很大的多边形，寻路时只需要寻找很少数量的多边形，就可以找到一条路径。但是，对于战术寻路来说，由于多边形的面积可能很大，很可能出现多边形中的一些部分在火力范围之内，其他部分在火力范围外，因此很难达到好的效果。实现中，如果需要采用导航网格，最好自己划分多边形，以便达到更好的效果。

Point Graph是较容易控制的，而且对于不是很复杂的游戏也够用了，可以很容易的支持战术寻路，因此，这里采用了可视点导航图。

单击【GameObject】→【Create Empty】，创建一个路点，将它放到合适的位置。用同样的方法创建多个路点，仔细安排它们的位置，它们将组成一个可视点导航图。

创建一个空物体，命名为"A*"。为A*创建一个空的子物体，名称是"PathPoints"。为PathPoints加上一个UnityReferenceHelper（在Utilities文件夹中）。将创建好的那些路点拖动到PathPoints中，作为它的子物体。图3.43中的小方块就是预设的路点（这里为了简化，只在起点和终点附近设置了路点）。

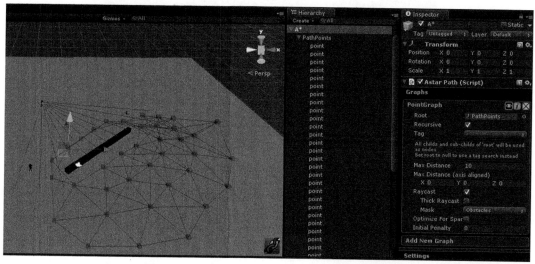

图3.43　A*寻路组件的添加，采用可视点导航图

单击【Component】→【Pathfinding】→【Pathfinder】，为A*加上寻路组件，选择PointGraph，将PathPoints拖入到Root中。需要注意的是Max Distance表示相邻导航点之间的最大距离，如果两个点的距离大于这个值，那么这两个点之间将不会有连线。将Mask设置为Obstacles，选中Show Graphs，然后单击Scan，就可以看到生成的可视点导航图。

步骤6：将带动画的敌人模型拖入场景，设置默认动画为Walk，warpMode为Loop。为角色加上CharacterController组件，并且调整好Center的位置，再为角色加上Seeker组件（【Component】→【Pathfinding】→【Seeker】），然后添加脚本AstarAI.cs，如图3.44所示。

步骤7：将玩家模型拖入到场景中，放置到合适的位置，选择Tag为Player，为玩家添加FireRange.cs脚本，如图3.45所示。

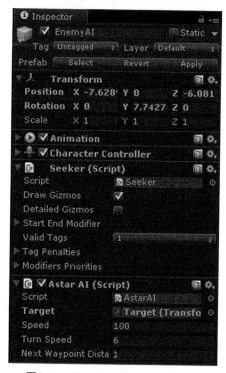

图3.44　EnemyAI的Inspector面板

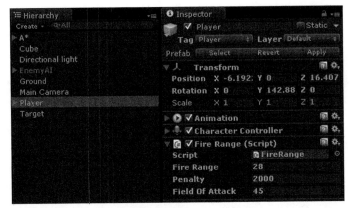

图3.45　Player的Inspector面板

代码清单3-3　FireRange.cs

```
using UnityEngine;
using System.Collections;
public class FireRange : MonoBehaviour
{
    //玩家的火力范围;
    public float fireRange;
    //在火力范围内的路点需要增加的代价值;
    public int penalty;
    //火力攻击的控制角度;
    public float fieldOfAttack = 45;
    //在场景中显示一些火力线;
    void OnDrawGizmos()
    {
        Vector3 frontRayPoint = transform.position + (transform.forward * fireRange);
        float fieldOfAttackinRadians = fieldOfAttack*3.14f/180.0f;
        for (int i = 0; i<11; i++)
        {
            RaycastHit hit;
            float angle = -fieldOfAttackinRadians + fieldOfAttackinRadians * 0.2f * (float)i;
            Vector3 rayPoint = transform.TransformPoint(new Vector3(fireRange * Mathf.Sin(angle),0,fireRange * Mathf.Cos(angle)));
            Vector3 rayDirection = rayPoint - transform.position;
            //当遇到障碍物时,终止火力线;
```

```
            if (Physics.Raycast(transform.position, rayDirection, out
            hit,fireRange))
            {
                if (hit.transform.gameObject.layer == 9)
                {
                    //这里增加的Vector3(0,1,0)是因为我们的角色模型的
                    //transform.position点y值为0过低,投射射线时无法与碰撞体相交,
                    因此适当抬高射线的起始点;
                    Debug.DrawLine(transform.position+new Vector3(0,1,0),
                        hit.point, Color.red);
                    continue;
                }
            }
            Debug.DrawLine(transform.position+new Vector3(0,1,0),
                rayPoint+new Vector3(0,1,0), Color.red);
        }
    }
}
```

运行后,可以看到寻找到的路径,如图3.46所示。

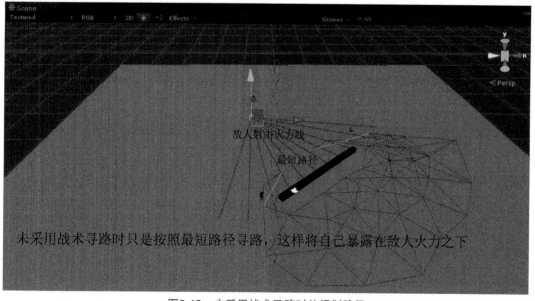

图3.46　未采用战术寻路时的规划路径

上面实现了一个基于可视点导航图的最简单的寻路。可是,从图3.46看到,AI角色从玩家的火力攻击范围内大摇大摆地走了过去,这样的结果是,AI角色很可能还没到达目标点,就被玩家打倒了。看来,需要一些战术寻路技术,让AI角色在行走时尽量避开玩家。

步骤8：修改A* Pathfinding Project的部分源代码，实现战术寻路。

为了实现战术寻路，要为每个路点加上代价信息，这个代价取决于该点此刻是否在玩家的视线或攻击范围之内。这里为了简化，只考虑玩家的攻击范围。这种战术寻路的方法是，当某个路点在玩家的攻击范围之内时，为这个点加上一个很大的代价值，例如3000，这样，AI角色在寻路的时候，就会尽量避开这个路点，而选择更安全的路径。

进一步加上对玩家的视线的考虑也是很容易的，只需加入一个测试，比如，如果路点在玩家视线内，加上代价值500，就可以了。

实现时，需要修改AstarPathfindingProject/Core路径下的Path.cs文件，找到GetTraversalCost函数，这个函数是这样的：

```
public uint GetTraversalCost (GraphNode node)
{
unchecked { return GetTagPenalty ((int)node.Tag ) + node.Penalty; }
}
```

其中，GetTagPenalty((int)node.Tag)表示在Editor中设置tag的那些区域中的节点的代价值，而node.Penalty是通过特定节点的额外代价值。需要对这个变量进行修改，让它反映出玩家火力范围内的额外代价。

首先为Path.cs加上4个变量：

```
//玩家对象;
protected GameObject player;
//玩家的火力范围;
protected float fireRange;
//玩家的火力范围的平方值(为了避免计算距离时的开方运算);
protected float sqrFireRange;
//危险路点的额外代价值;
protected int penaltyAmount;
```

修改Path.cs中的GetTraversalCost函数：

```
public uint GetTraversalCost (GraphNode node)
{
    //节点的惩罚值，这就是我们要修改的地方;
    node.Penalty = 0;
    //当前正在处理的节点的位置;
    Vector3 nodePos = (Vector3)node.position;
    Vector3 rayStart = nodePos;
    rayStart.y = 1.0f;
    //玩家(也就是需要寻路的AI角色的敌人)所在位置;
```

```csharp
    Vector3 playerPos = player.transform.position;
    Vector3 distance = playerPos - nodePos;
    distance.y = 0;
    //假设玩家的射击范围的平方是61000,如果玩家与当前节点的距离的平方小于这个值;
    if (distance.sqrMagnitude < sqrFireRange)
    {
        //判断玩家与该节点之间是否有遮挡;
        RaycastHit hit;
        if (Physics.Raycast(nodePos,distance,out hit))
        {
            //如果没有遮挡,那么节点惩罚值加上penaltyAmount;
            //这里的惩罚值越大,找到的路径越倾向于避开火力区域;
            if (hit.collider.tag == "Player")
            {
                node.Penalty += (uint)penaltyAmount;
                Debug.Log(node.Penalty);
            }
        }
    }
    unchecked { return GetTagPenalty((int)node.Tag) + node.Penalty; }
}
```

然后,在ABPath.cs(位于Pathfinders文件夹)中,找到UpdateStartEnd函数:

```csharp
protected void UpdateStartEnd(Vector3 start, Vector3 end)
{
    originalStartPoint = start;
    originalEndPoint = end;
    startPoint = start;
    endPoint = end;
    startIntPoint = (Int3)start;
    hTarget = (Int3)end;
    //寻路开始前先获取player对象,并且算出玩家火力范围的平方;
    player = GameObject.FindGameObjectWithTag("Player");
    fireRange = player.GetComponent<FireRange>().fireRange;
    sqrFireRange = fireRange * fireRange;
      penaltyAmount = player.GetComponent<FireRange>().penalty;
}
```

这样，再次运行游戏，找到的路径如图3.47中的短墙后面的路线所示。可以看出，此时的路径很好地避开了玩家的攻击范围，这回AI角色要安全得多了！

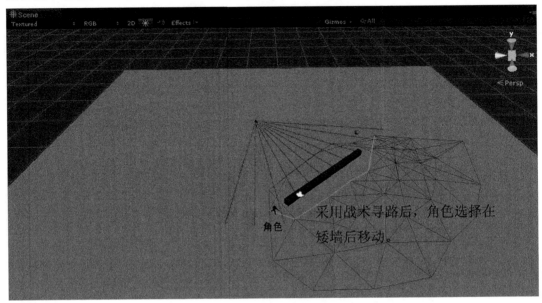

图3.47　采用战术寻路时的规划路径

3.4.4　在复杂地形中寻路——多层建筑物中的跨层寻路

有时，游戏设计人员需要处理复杂的地形，例如，在多层建筑物中，角色需要上下楼梯才能找到目标，这时，应该如何寻路呢？来看下面的例子，在这个例子中，将在图3.48所示的场景中进行寻路。

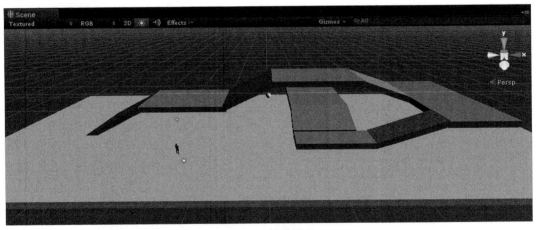

图3.48　场景设置

步骤1：导入A Pathfinding Project插件包，导入模型动画包。

步骤2：新建一个场景，单击【Edit】→【Project Settings】→【Tags and Layers】，创建Ground层。

步骤3：创建一个平面，设置好尺寸在Inspector面板中，将Layer设置为Ground。

步骤4：创建如图3.48所示的相互连接的多个平面，在Inspector面板中，将Layer设置为Ground。

步骤5：在场景中添加A*寻路组件。创建一个空物体，名为"A*"。对于这种多层可行走网络，可以采用RecastGraph作为寻路网格。设置好相应的参数后，选中Show Graphs，单击Scan。

图3.49为A*的Inspector面板。

这里特别需要注意的是，Walkable Climb参数和Max Edge Length参数对结果的影响很大，读者可以自己多试一些值，体验生成的Recast Navmesh的不同之处。

步骤6：建立一个空物体，重命名为target，作为寻路目标。脚本中，我们将通过鼠标单击来设置target的位置。

步骤7：为相机添加TargetMover.cs脚本（这个脚本是A* Pathfinding Project插件中提供的，位于Assets/AStarPathfindingProject/ExampleScenes/ExampleScripts中），如图3.50所示。将步骤6创建的target拖动到Target，通过鼠标控制寻路目标点的位置。

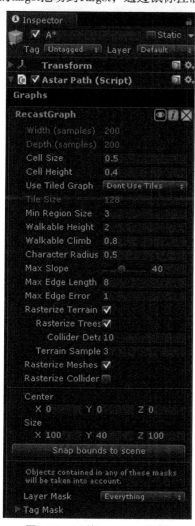

图3.49　A*的Inspector面板

图3.50　Main Camera的Inspector面板

步骤8：将带动画的角色模型拖入场景，命名为EnemyAI，设置默认动画为Walk，warpMode为Loop，为角色加上Character Controller组件，并且调整好Center的位置，再为角色加上Seeker组件（【Component】→【Pathfinding】→【Seeker】），然后，添加BotAI脚本，如图3.51所示。

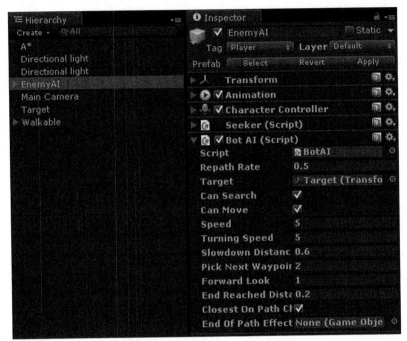

图3.51　EnemyAI的Inspector面板

代码清单3-4　BotAI.cs

```csharp
using UnityEngine;
using System.Collections;
using Pathfinding.RVO;
namespace Pathfinding {
    [RequireComponent(typeof(Seeker))]
    //这个类是AIPath的派生类;
    public class BotAI : AIPath
    {
        public GameObject endOfPathEffect;
        public new void Start ()
        {
            base.Start ();
        }
        /** Point for the last spawn of #endOfPathEffect */
        protected Vector3 lastTarget;
```

```csharp
        public override Vector3 GetFeetPosition()
        {
            return tr.position;
        }
        protected new void Update()
        {
            Vector3 velocity;
            if (canMove)
            {
                //计算速度向量;
                Vector3 dir = CalculateVelocity(GetFeetPosition());
                //向目标方向旋转;
                RotateTowards(targetDirection);
                dir.y = 0;
                //如果速度向量很小，那么停止移动;
                if (dir.sqrMagnitude < 0.2f)
                {
                    dir = Vector3.zero;
                }
                if (controller != null)
                    //控制角色移动;
                    controller.SimpleMove(dir);
                else
                    Debug.LogWarning("No CharacterController attached to
                    GameObject");
                velocity = controller.velocity;
            } else {
                velocity = Vector3.zero;
            }
        }
    }
}
```

运行场景。在图3.52中，寻路目标位于台阶末端，折线为未经平滑的路径。可以看出，这个路径正好通过了RecastNavmesh中所有多边形的中心点，这是因为A*寻路算法只是找出了路径上通过的所有多边形。如果不采用任何平滑方法，生成的路径一般就正好经过这些多边形的中心。

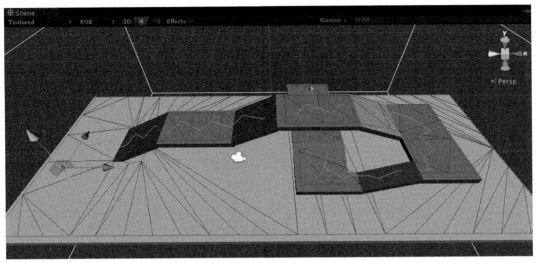

图3.52　未平滑前的路径

可以通过【Component】→【Pathfinding】→【Modifiers】，选择不同的平滑脚本。图3.53是一条平滑之后的路径，可以看出，效果要比平滑前好许多。

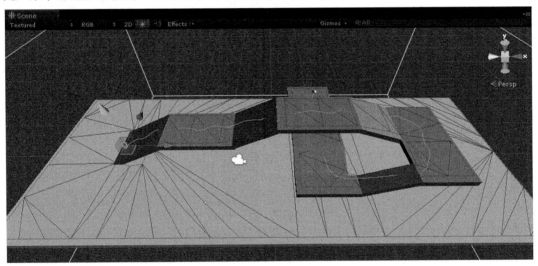

图3.53　平滑后的路径

3.4.5　RTS中的小队寻路——用操控行为和A*寻路实现

在即时战略游戏（RTS）中，玩家在游戏中经常会扮演将军，进行调兵遣将等较大规模的宏观操作。这时，游戏设计者经常需要控制组成小队的多个AI角色，甚至规模比较大的部队，为它们寻找到达某个目标的路径，于是，就可以使用A*寻路插件，指定一个目标地点，然后下发寻路命令，让这些单位寻找到达目标的路径。看上去很简单，不是吗？

遗憾的是，通常情况下，以这种方式会得到很不理想的结果，AI角色会彼此堆叠到一起。

此外还可能遇到另一个麻烦，我们知道，A*寻路要求的计算量比较大，很难在一帧内完成,如果想同时为一群单元寻路,A*寻路就显得很吃力了。

对于这种情况,一种可能的解决办法是将A*寻路与第2章的群体操控行为相结合。选择一个AI角色作为领队,用A*寻路算法为这个单元计算路径,然后队伍中的其他单元只要利用2.5.3中的跟随头领行为,以及分离、聚集、队列这几个组行为就可以了,必要时还可以加上避开障碍行为。这样,不但大大降低了寻路的计算量,并且群体看上去更加真实,也不会彼此拥挤碰撞。

如果小队的规模比较大,或是地形比较复杂,上述解决方案不一定能正常工作,这时可以采用另一种办法,就是为每个单元的目标位置都加上一些偏移量。这样,这些单元就不会在接近目标时,挤到一起不停地相互碰撞。下面的示例就实现了这个想法。另外,只要对设定的目标点稍加修改,还可以实现以小队包围敌人的场景!

为实现RTS小队寻路,需要从以下4个方面进行考虑。

- 集群系统:由于小队中的单元需要协同移动,所以需要一些代码,让这些单元以这种方式运动。
- 雷达:用于寻找邻居。
- 寻路与障碍避免:让单元可以找到通往目标的路径,并且避开途中的障碍物。
- 目标点:虽然只用鼠标单击了一个点,但是如果为所有的小队单元都设置这个相同的目标点,它们就会彼此碰撞甚至出现堆叠。所以,需要为小队中的单元生成不同的目标点,这样它们就不会相互堆叠起来。

下面用操控行为和A*寻路组合来实现RTS小队寻路。

步骤1:导入A Pathfinding Project Pro插件包,导入模型动画包。

步骤2:新建一个场景,单击【Edit】→【Project Settings】→【Tags and Layers】,创建Obstacles、Ground层。

步骤3:创建一个平面,设置好尺寸。在Inspector面板中,将Layer设置为Ground。

步骤4:在场景中添加一些障碍物(如墙体),在Inspector面板中,将Layer设置为Obstacles。

步骤5:在场景中添加A*寻路组件。创建一个空物体,名为"A*"。这里和3.4.1节中的例子一样,选择Grid Graph,并设置好相应的参数,然后扫描,建立基于单元的导航图。

步骤6:创建目标点预置体。创建一个空物体,命名为myDestination,为它添加Rigidbody,添加Destination.cs脚本。为了方便观察,还为它添加了一个美丽的Lens Flare,这样,目标点就会闪闪发光。

创建一个Prefab,名称为"myDestination",将刚刚设置好的myDestination拖到这个Prefab上,并将myDestination从场景中删除。

图3.54为myDestination的Inspector面板。

图3.54　myDestination的Inspector面板

前面说过，如果为小队中所有成员都指定同一个目标点，那么很可能会发生拥挤或堆叠，因此，需要以原目标点为中心，为小队中的每个成员寻找原目标点附近的位置作为寻路目标。Destination.cs脚本实现了这个功能。

这里也用到了操控行为，只不过这时操控行为作用的对象是那些寻路时的目标点，而不是AI角色本身。因此，脚本中与操控力相关的变量都是针对某个寻路目标点的。

代码清单3-5　Destination.cs

```csharp
using UnityEngine;
using System.Collections;
using System.Collections.Generic;
public class Destination : MonoBehaviour
{
    //聚集操控力的权重;
    public int coherencyWeight = 1;
    //分离操控力的权重;
    public int separatonWeight = 2;
    //小组中各AI角色的寻路目标点列表;
    private List<Destination> destinations;
    private float velocity;
    public float Velocity{
        get {return velocity;}
    }
    //聚集操控力;
    private Vector3 coherency;
    //分离操控力;
    private Vector3 separation;
    private Vector3 calculatedForce;
    private Vector3 relativePos;
    void Start（）
    {
    //目标点管理器的实例;
        destinations = DestinationManager.Instance.destinations;
    }
    //计算操控力，移动目标点;
    public void CalculateForce(Vector3 center)
    {
        //计算所有目标点的中心对当前目标点施加的聚集力;
```

```
        coherency = center - transform.position;
        separation = Vector3.zero;
        //对于目标点列表中的每个目标点；
        foreach(Destination d in destinations)
        {
            //如果不是当前目标点，那么求出它对当前目标点产生的分离（排斥）力；
            if (d!=this)
            {
                relativePos = transform.position - d.transform.position;
                separation += relativePos/(relativePos.sqrMagnitude);
            }
        }
        //求出加权和，得到总的操控向量；
        calculatedForce = (coherency * coherencyWeight) + (separation * separatonWeight);
        calculatedForce.y = 0;
        //移动目标点；
        transform.rigidbody.velocity = calculatedForce * 20;
        velocity = transform.rigidbody.velocity.magnitude;
    }
    void Update () {
    }
}
```

步骤7：创建目标位置管理器。创建一个空物体，名称为"Manager"，为它添加 Destination Manager.cs脚本，将刚才创建的myDestination Prefab拖到相应的位置。图3.55为Manager的Inspector面板。

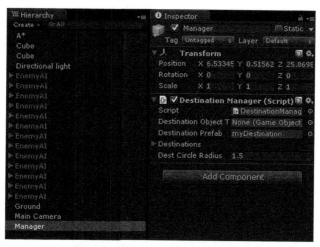

图3.55　Manager的Inspector面板

代码清单3-6   DestinationManager.cs

```csharp
using UnityEngine;
using System.Collections;
using System.Collections.Generic;
public class DestinationManager : MonoBehaviour
{
    public GameObject destinationObjectToMove;
    public GameObject destinationPrefab;
    //目标管理器的实例;
    private static DestinationManager instance;
    public static DestinationManager Instance{ get{ return instance; } }
    //小组成员的所有目标点的列表;
    public List<Destination> destinations;
    private List<Boid> boids = new List<Boid>();
    //目标点是否已经处于稳定位置;
    private bool destinationsAreDoneMoving = false;
    //目标点是否已经赋值;
    private bool destinationsAreAssigned = true;
    private Ray ray;
    private RaycastHit hitInfo;
    //目标圆的半径;
    public float destCircleRadius = 1;
    private bool generateDestination = true;
    private Vector3[] offset;
    void Awake()
    {
        instance = this;
        destinations = new List<Destination>();
        FindBoids();
        offset = new Vector3[13];
        offset[0] = new Vector3(0,0,0);
        offset[1] = new Vector3(1,0,0);
        offset[2] = new Vector3(0.5f,0,0.87f);
        offset[3] = new Vector3(-0.5f,0,0.87f);
        offset[4] = new Vector3(-1,0,0);
        offset[5] = new Vector3(-0.5f,0,-0.87f);
        offset[6] = new Vector3(0.5f,0,-0.87f);
```

```csharp
        offset[7] = new Vector3(0.87f,0,0.5f);
        offset[8] = new Vector3(0,0,1);
        offset[9] = new Vector3(-0.87f,0,0.5f);
        offset[10] = new Vector3(-0.87f,0,-0.5f);
        offset[11] = new Vector3(0,0,-1);
        offset[12] = new Vector3(0.87f,0,-0.5f);
    }
    //将小队中的成员都加入boids列表中;
    public void FindBoids()
    {
        boids.Clear();
        Boid[] foundBoids = FindObjectsOfType(typeof(Boid)) as Boid[];
        foreach(Boid c in foundBoids)
        {
            boids.Add(c);
        }
    }
    //放置各个目标点;
    void placeDestination(Vector3 hitPoint)
    {
        int index = 0;
        float radius = destCircleRadius;
        //对于小队成员列表中的每个成员;
        foreach(Boid c in boids)
        {
            //如果需要采用操控力的方式为它生成目标点;
            if(generateDestination)
            {
                //在指定的位置初始化目标点Prefab;
                GameObject des = Instantiate(destinationPrefab,hitPoint +
                radius * offset[index++],Quaternion.identity) as GameObject;
                //将Destination组件加入目标点列表中;
                destinations.Add(des.GetComponent<Destination>());
                //将这个目标点赋给这个成员;
                c.target = des;
            }
            else
```

```csharp
            {
                //直接将指定的位置作为目标点赋给这个成员；
                c.target.transform.position = hitPoint + radius * offset[index++];
            }
            //我们在Awake中设置了13个元素的数组，
            //它们分别均匀分布在以单击的目标点为中心的两个圆周上，
            //如果小组成员数量超过13，那么增加圆周半径，继续摆放；
            if (index>12)
            {
                index = 1;
                radius *= 4;
            }
        }
        destinationsAreAssigned = false;
        destinationsAreDoneMoving = false;
        generateDestination = false;
        return;
    }
    void Update ()
    {
        //如果鼠标左键按下；
        if (Input.GetMouseButtonDown (0))
        {
            ray = Camera.main.ScreenPointToRay (Input.mousePosition);
            if (Physics.Raycast (ray.origin, ray.direction, out hitInfo))
            {
                if (hitInfo.collider.gameObject.layer == 8)
                {
                    //重新设置中心目标点，为小组中的成员生成所有目标点；
                    placeDestination (hitInfo.point);
                }
                return;
            }
        }
        if (destinations.Count == 0)
            return;
        Vector3 center = Vector3.zero;
```

```csharp
Vector3 velocity = Vector3.zero;
//求出所有目标位置的平均值;
foreach(Destination d in destinations)
{
    center += d.transform.position;
}
Vector3 destinationCenter = center/destinations.Count;
//如果目标点都已达到稳定状态,但是还并未计算路径;
if (destinationsAreDoneMoving && !destinationsAreAssigned)
{
    //调用AssignNodes函数,为所有小队成员计算路径;
    AssignNodes();
    //已发出计算路径请求;
    destinationsAreAssigned = true;
    return;
}
int destinationStopped = 0;
//对于目标点列表中的每个目标点;
foreach(Destination dests in destinations)
{
    //调用Destination.cs脚本中的CalculateForce函数计算操控力;
    dests.CalculateForce(destinationCenter);
    //将目标点的当前速度累加;
    velocity += dests.rigidbody.velocity;
    //如果当前目标点的速度小于一个阈值,那么可以认为它已经基本停止;
    //将已停止的目标点的数量增加1;
    if (dests.Velocity < 1)
        destinationStopped++;
}
//如果所有目标点的速度和小于一个阈值,说明目标点已达到稳定状态;
Vector3 destinationVelocity = velocity/destinations.Count;
//如果所有目标点都已近似停止;
if (destinationStopped == destinations.Count)
{
    //对于所有目标点,将速度设置为0,使它停止运动,稳定在当前位置;
    foreach(Destination dst in destinations)
    {
```

```
                dst.rigidbody.velocity = Vector3.zero;
            }
            //目标点已达到稳定状态;
            destinationsAreDoneMoving = true;
        }
    }
    //调用CalculatePath函数,为小队中的每个成员计算路径;
    private void AssignNodes()
    {
        for (int i=0; i<boids.Count; i++)
        {
            boids[i].CalculatePath();
        }
    }
}
```

步骤8：将带动画的角色模型拖入场景，命名为EnemyAI，设置默认动画为Walk，warpMode为Loop，为角色加上CharacterController组件，并且调整好Center的位置，再为角色加上Seeker组件（【Component】→【Pathfinding】→【Seeker】），添加Boid.cs脚本。为了平滑路径，还可以单击【Component】→【Pathfinding】→【Modifiers】→【SimpleSmoothModifier】，加入一个平滑脚本，如图3.56所示。

设置好AI后复制多个，组成场景中的角色小队。

由前面的操控行为一章中，可以得知，要实现集群中个体之间的协调运动，至少需要两种行为：聚集（用于产生将单元聚集在一起的力）和分离（用于产生单元之间彼此分离的力），使得它们不至于撞到一起。

此外，还需要一个状态机，为单元组成的小队设置三种运动状态，即IDLE、MOVING和ORGANIZING。

在Boid.cs脚本中，实现了"邻居探测雷达"，使每个单元都可以知道在一定半径内是否有其他单元。而为了实现这个目标，需要使用Physics.OverlapSphere函数来探测周围的碰撞体。由于该函数具有较大的开销，最好限制探测的频率，不必每帧都进行，否则当单元数量较多时，帧率将会有较大的下降。为此，雷达探测部分不能放在每帧都调用的Update函数中。这里采用

图3.56　EnemyAI的Inspector面板

Coroutine实现，不熟悉Coroutine的读者可参见附录进一步地了解。

寻路也在这个脚本中实现。这里依旧使用Aron Granberg的A* Pathfinding Projec进行寻路。

当计算好集群行为的操控力和路径时，需要把它们结合到一起，并且作用于CharacterController，在Update函数中应用这些力并进行位置更新。

代码清单3-7　Boid.cs

```csharp
using UnityEngine;
using System.Collections;
using System.Collections.Generic;
using Pathfinding;
public enum MovementState:int
{
    IDLE,
    MOVING,
    ORGANIZING
}
public class Boid : MonoBehaviour
{
    public float movementSpeed = 1;
    public GameObject target;
    //当前运动状态;
    private MovementState currentMovementState;
    public MovementState CurrentMovementState
    {
        get{
            return currentMovementState;
        }
        set{
            currentMovementState = value;
        }
    }
    //单元之间彼此吸引的强度，这个值设置得相对越大，单元之间就越接近，在这个例子
    //中，寻路功能本身就趋向于为这些单元寻找相近的路线，因此这个值可以设置为0。
    public float coherencyWeight = 0;
    //单元之间彼此分离的强度，这个值设置得相对越大，单元之间就会越趋向远离;
    public float separationWeight = 1;
    //角色改变朝向的速度;
```

```csharp
public float turnSpeed = 4.0f;
private Vector3 relativePos;

//聚集行为中得到的操控向量;
private Vector3 coherency;
//分离行为中得到的操控向量;
private Vector3 separation;
//集群行为产生的总操控力;
private Vector3 boidBehaviorForce;
//集群的成员列表;
List<Boid> boids;
private CharacterController controller;
//雷达扫描区域的半径;
public float radius = 1;
//雷达每秒进行多少次扫描
public int pingsPerSecond = 10;
//雷达的扫描频率
public float PingFrequency
{
    get{
        return (1/pingsPerSecond);
    }
}
//雷达扫描时，监视哪一层
public LayerMask radarLayers;
//neighbors表记录位于雷达扫描半径以内的单元;
private List<Boid> neighbors = new List<Boid>();
private Collider[] detected;
//与寻路部分相关的变量
//处理路径计算的Seeker类;
private Seeker seeker;
//单元将要跟随的路径
private Path path;
//单元跟随路径时的当前waypoint;
private int currentWayPoint = 0;
//当单元与当前waypoint距离小于nextWayPoint时，可以继续向下一个waypoint移动;
```

```csharp
private float nextWayPoint = 1;
//判断单元是否到达路径终点;
private bool journeyComplete = true;
//寻路部分传递给CharacterController.Move的向量;
private Vector3 pathDirection;
//小队中所有单元位置的平均值,即中心;
private Vector3 center;
//来自BoidBehaviors函数的操控力;
private Vector3 steerForce;
//FollowPath函数的返回向量;
private Vector3 seekForce;
//考虑到操控力和路径跟随的共同作用,最终传递给CharacterController的向量;
private Vector3 driveForce = Vector3.zero;
//新的朝向;
private Vector3 newForward;
//获得CharacterController和Seeker,并且找到场景中所有Boids,加入boids表中,
//并设置当前移动状态为IDLE;开始雷达扫描器;
void Start()
{
    //获得角色控制器组件;
    controller = GetComponent<CharacterController>();
    //获得Seeker组件;
    seeker = GetComponent<Seeker>();
    Boid[] foundBoids = FindObjectsOfType(typeof(Boid)) as Boid[];
    boids = new List<Boid>();
    //对于场景中的每一个Boid,将它加入boids列表中;
    foreach (Boid b in foundBoids)
    {
        boids.Add(b);
    }
    //设置当前移动状态;
    CurrentMovementState = MovementState.IDLE;
    StartCoroutine("StartTick", PingFrequency);
}
//等待freq秒,调用RadarScan()函数,扫描附近的邻居;
private IEnumerator StartTick(float freq)
```

```csharp
{
    yield return new WaitForSeconds(freq);
    RadarScan();
}
//扫描周围的邻居
private void RadarScan()
{
    //清空邻居列表;
    neighbors.Clear();
    //检测在半径为radius的球内的所有邻居;
    detected = Physics.OverlapSphere(transform.position,
    radius,radarLayers);
    //对于检测到的每个碰撞体;
    foreach(Collider c in detected)
    {
        //如果它是Boid类型并且不是当前AI角色
        if (c.GetComponent<Boid>() !=null && c.gameObject != this.
        gameObject)
        {
            //加入邻居列表中;
            Boid foundBoid = c.GetComponent<Boid>() as Boid;
            neighbors.Add(foundBoid);
        }
    }
    //如果邻居数量为0,且当前不是Movement和ORGANIZING状态;
    if (neighbors.Count == 0 && currentMovementState != MovementState.
    MOVING && currentMovementState == MovementState.ORGANIZING)
    {
        //将当前状态设置为IDLE状态;
        Debug.LogWarning(currentMovementState);
        CurrentMovementState = MovementState.IDLE;
    }
    StartCoroutine("StartTick", PingFrequency);
}
//计算Coherency和Separation的合力,并且返回这个合力向量,供CharacterController
//使用;
public Vector3 BoidBehaviors()
```

```csharp
{
    Vector3 boidBehaviorForce;
    //计算聚集操控力;
    coherency = center - transform.position;
    //计算分离操控力;
    separation = Vector3.zero;
    //对于邻居列表中的每个Boid
    foreach (Boid b in neighbors)
    {
        //如果不是当前AI角色;
        if (b!=this)
        {
            //求出b引起的排斥力(分离)并累加;
            relativePos = (transform.position - b.transform.position);
            separation += relativePos / relativePos.sqrMagnitude;
        }
    }
    //总的集群操控力是聚集力与分离力的加权和;
    boidBehaviorForce = (coherency * coherencyWeight) + (separation
    * separationWeight);
    boidBehaviorForce.y = 0;
    return boidBehaviorForce;
}
void Update()
{
    center = Vector3.zero;
    if (boids.Count > 0)
    {
        //对于集群中的每个个体Boid
        foreach(Boid b in boids)
        {
            //将位置累加到center中;
            center += b.transform.position;
        }
        //求平均,得到这个集群的中心位置;
        center = center/boids.Count;
    }
```

```csharp
    //操控行为产生的向量；
    steerForce = Vector3.zero;
    //seek寻路产生的向量；
    seekForce = Vector3.zero;
    //如果正在路上，没有到终点，且当前运动状态是"MOVING"；
    if (!journeyComplete && currentMovementState == MovementState.MOVING)
    {
        //调用FollowPath函数，得到跟随这条路径所需要的"力"；
        seekForce = FollowPath();
    }
    else
    {
        //如果已经到达终点，那么将当前运动状态置为ORGANIZING；
        if (CurrentMovementState != MovementState.ORGANIZING &&
        CurrentMovementState != MovementState.IDLE)
            CurrentMovementState = MovementState.ORGANIZING;
    }
    //如果当前运动状态是ORGANIZING；
    if (currentMovementState == MovementState.ORGANIZING)
    {
        //调用BoidBehaviors函数，求出操控力；
        steerForce = BoidBehaviors();
    }
    //总的移动量为操控力产生的移动量和"路径跟随力"产生的移动量之和；
    driveForce = steerForce + seekForce;
    //控制角色移动；
    controller.Move(driveForce);
    //如果正在路上还没到达终点，且当前运动状态是MOVING；
if (!journeyComplete && currentMovementState == MovementState.MOVING)
//转向移动方向；
        TurnToFaceMovementDirection(driveForce);
}
//利用Seeker类，计算从单元的当前位置到目标位置的路径；
public void CalculatePath()
{
    if (target == null)
    {
```

```csharp
        Debug.LogWarning("Target is null.Aborting Pathfinder...");
        return;
    }
    //发出A*寻路请求，当寻路完毕，返回结果时会调用OnPathComplete函数；
    seeker.StartPath(transform.position, target.transform.position,
    OnPathComplete);
    journeyComplete = false;
}
//当完成新路径的计算时，进行路径属性的设置；
public void OnPathComplete(Path p)
{
    if (p.error)
    {
        Debug.Log ("Can't find path!");
        return;
    }
    path = p;
    currentWayPoint = 0;
    //然后将单元的运动状态设置为MOVING。
    CurrentMovementState = MovementState.MOVING;
}
//计算跟随路径所需的移动量；
public Vector3 FollowPath()
{
    if (path == null || currentWayPoint >= path.vectorPath.Count ||
    target == null)
        return Vector3.zero;
    //已到达路径终点；
    if (currentWayPoint >= path.vectorPath.Count || Vector3.Distance
    (transform.position, target.transform.position)<0.2)
    {
        journeyComplete = true;
        return Vector3.zero;
    }
    //计算行走方向以及需要移动的量；
    pathDirection = (path.vectorPath[currentWayPoint] - transform.
    position).normalized;
    pathDirection *= movementSpeed * Time.deltaTime;
```

```
        //如果角色已经很接近当前路径点,那么可以向下一个路径点行走;
        if (Vector3.Distance(transform.position, path.
vectorPath[currentWayPoint])<nextWayPoint)
        {
            currentWayPoint++;
        }
        return pathDirection;
    }
    //转向移动方向;
    private void TurnToFaceMovementDirection(Vector3 newVel)
    {
        //如果移动速度大于0,且新的速度方向大于某个阈值(防止抖动);
        if (movementSpeed > 0 && newVel.sqrMagnitude > 0.00005f);
        {
            float step = turnSpeed * Time.deltaTime;
            Vector3 newDir = Vector3.RotateTowards(transform.forward,
            newVel.normalized, step, 0.0F);
            transform.rotation = Quaternion.LookRotation(newDir);
        }
    }
}
```

运行场景。从得到的结果可以看到小队中每个角色的目标点和行走路径,还可以看到目标点从运动到稳定停止的过程,如图3.57、图3.58所示。

图3.57　小队行进途中,绿色路线是为单位规划的行走路线

图3.58 小队中单位到达各自的目标点

3.4.6 使用A* Pathfinding Project插件需要注意的问题

1. A*寻路算法的局限

首先，A* Pathfinding Project插件实现了二维情况下的寻路（平面或二维曲面，例如地形），但是由于开销巨大，无法实现真正的三维空间中的快速寻路。如果用户碰巧想做一个太空飞船在空间中飞行并躲避障碍的游戏，这个寻路插件就不适用了，这时可以考虑使用第二章中的操控行为。

其次，A*寻路一般用于已知目标位置的点到点的寻路。如果事先并不知道目标位置，或者目标位置有多种可能性，就必须对每种可能性应用A*算法，这样会带来非常大的开销。在这种情况下一般采用Dijkstra算法。

另外，如果游戏地形包含许多树木，使用A* Pathfinding Project插件进行寻路时，就会遇到另一个麻烦，即这个插件无法"看到"树木，因此会直接穿过它们。一个解决办法是写一个脚本，为每棵树添加一个圆柱体，然后设置圆柱体为障碍物。当然，如果只需要完成最简单的寻路，不需要修改源代码和动态更新导航网格的话，那么用Unity3D自带的寻路系统就完全可以了。

有时，还需要将A*寻路与操控行为相结合，来实现更好的效果。

2. 关于碰撞避免

虽然碰撞避免不属于A*寻路的范围，但A* Pathfinding Project Pro也提供了碰撞避免的功能，它采用的是RVO算法，RVO算法超出了本书涉及的范围，这里不做介绍，只是对操控行为中的碰撞避免和RVO碰撞避免做一个简单地比较。

碰撞避免是一个很重要的话题。在第二章的操控行为中，碰撞避免利用检测盒（或探针)来检测障碍(包括静态的和动态的),然后通过对AI角色施加排斥力来使其避开障碍。由于这种方法是基于力实现的,因此看上去符合物理规律,有较广的适用范围,对人类角色、动物、车辆等都可以应用,而且完全可以在三维空间中很好地工作。但是,由于障碍物所施加的"排斥力"并不能单独决定AI角色的运动,还要考虑到其他力的共同作用,因此这种方法无法保证完全避免碰撞,尤其是当障碍物密度较大时,发生碰撞的可能性也会增加。

另一种避免碰撞的方法是RVO方法,这种方法最重要的应用是大规模的人群模拟。在本章介绍的A* Pathfinding Project中便采用了这种方法。它的特点是假设加速度可以无限大,符合人类的行为特性,并且AI角色可以左右移动,可以很好地模拟出人类在遇到障碍时,向左或向右迈步以避开障碍的行为,但是对于车辆或空间中的飞船等,这种方法便不是很适合。另外,由于这种方法同时作用在一对将要碰撞的物体上,因此可能会发生将角色推到墙的另一边这种情况。

3.5 A*寻路的适用性

A*寻路很好用,但它不是万能的。选择哪种寻路方法要充分考虑到游戏的要求,而不是希望它永远好用。一般说来,我们通常都是在设计中建立AI能够处理的情景,而不是对AI做出过高的期待,让它去处理任意复杂的场景。

(1) A*寻路算法在游戏中具有十分广泛的应用,利用它可以找到一条从起点到终点的最佳路径,它的效率在同类算法中也很高,对于大多数路径寻找问题,它是最佳的选择。

(2) 有一些A*寻路不太适用的场合。例如,如果起点和终点之间没有障碍物,终点直接在视线范围内,就完全不必采用它。另外,这个算法虽然高效,但寻路具有较大的工作量,需要多帧才能完成。如果CPU计算能力较弱,或者需要为大地形寻找路径,那么计算起来就比较困难了。而且,它也有一定的使用限制,后面我们将会提到。

(3) 如果游戏设计者正在为一个Android平台下的手机游戏选择寻路算法,就更需要做好权衡。与PC相比,手机的内存资源要珍贵得多,如果需要在很大的空间中进行寻路,最好选择其他算法,并且,估价算法的开销也可能会成为瓶颈。因此,在手机游戏中需要针对不同的寻路要求,选择不同的实现方法,例如采用深度优先算法、广度优先算法、遗传算法等。

(4) 在战斗游戏中,往往希望AI角色能快速从一个地方跑动到另一个地方。绝大多数情况下,想要的路径并不是最短路径。试想,如果一个敌人AI角色试图逃离玩家的枪弹,结果却是从玩家指挥的角色身边跑过去!虽然,路过玩家角色身边是一个很坏的选择,应该采用更好的路径搜索策略。

为了在战场上做出好的决策,就需要获取高质量的信息。这些信息来自地形分析、路径搜索、视距和许多其他系统。它们的开销很大,为了找到可靠的战斗位置,往往需要评估许多不同的可能性,因此,这些信息的获取过程对系统的效率会有很大的影响。在实际设计中,除了创建更高效的低层系统,更快速地提供信息之外,设计者还需要能够利用更少的信息,做出更好的AI角色,并且在开发过程中,要始终意识到每一部分信息的代价。

第4章
AI角色对游戏世界的感知

当我们能够控制角色的移动时，会发现还有更多的问题需要处理，其中一个重要的问题就是角色如何感知周围的游戏世界。为了让AI角色看上去更真实也更有趣，必须使它能够以正常的感知方式知道周围发生了什么，并且能够对发生的事情做出适当的反应，这样，AI角色就会具有类似于人类的行为。例如，如果玩家扔出一个瓶子到AI角色附近，那么它会检测到瓶子落地的声音，并且找出扔瓶子的玩家的位置。

为了实现更好的AI角色，需要为AI系统提供更好的信息，这就是感知系统的任务。可以说几乎所有类型的3D游戏，只要拥有AI角色，就具有某种程度的感知系统。

在本章中，我们主要介绍AI角色如何感知周围环境，即4.1图中"与游戏世界的接口"部分，我们将它称为游戏中的"感知系统"。严格来说，感知系统并不算是游戏AI的一部分，但是，它的实现质量直接关系到AI系统的好坏，因此，对感知系统拥有良好的理解，将会非常有利于构建更强大的AI系统。

在游戏中，感知的开销可能会很大，通常情况下，每个角色都需要查询其他所有角色。假设游戏中有n个骑士，n个僵尸，骑士根据看到的僵尸数量决定自身行为。这时，假设对于每个僵尸，需要$O(n)$时间确定数量的话，那么对于n个骑士，总共就需要$O(n^2)$时间。因此，许多情况下，感知不能也不需要在每帧中进行。

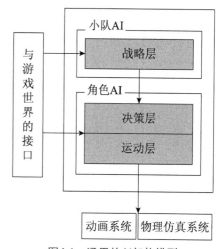

图4.1 通用的AI架构模型

AI角色感知的信息多种多样，通常会包含视觉和听觉信息，也可能包括脚步声、死去的同伴或敌人等。其中，视线查询（Line-of-Sight）几乎是必不可少的。在Unity3D中，Raycast调用可以实现视线查询，遗憾的是速度相对较慢，当场景中有大量物体时进行调用，或调用过于频繁时，开销很大。

另外，一个AI角色可能有多个感知器。例如，一个士兵可能有一个战术感知器，用来扫描埋伏点和好的地点，以便躲藏或战斗；有一个环境感知器，检测墙和障碍；还有一个感知器，用来检测动态的物体等。

感知系统涉及到一些复杂的计算（Champandard在他的文章中，给出了视线查询（Line-of-Sight）测试的例子，由于它们包含Raycast，因此计算资源开销很大），因此，为了确保游戏的效率，必须确定游戏中到底需要处理哪些信息。不同的游戏需要的感知系统有很大不同。举例来说，对于简单的单人小游戏，可能只需要知道玩家的位置就够了，而对于潜行类游戏，就需要强大的感知系统来提供好的游戏体验。Leonard提到，在《Thief: The Dark Project》游戏中，传感系统是游戏的主要部分，它消耗了许多留给AI系统的CPU预算，"抢走"了用于寻路、战术分析和其他决策过程的时间。图4.2为《Thief》的截图。

图4.3是一个较为复杂的信息感知系统。AI角色需要收集信息，包括附近有多少

图4.2 《Thief》截图

同伴和敌人、同伴和敌人的力量总和分别是多少，还需要检查当前位置离基地的距离、自身的生命值、与领队的距离，然后根据这些信息来做出行为决策。

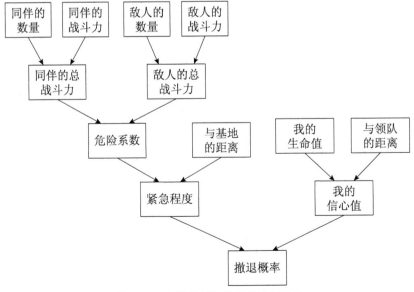

图4.3 一个较为复杂的信息感知系统

4.1 AI角色对环境信息的感知方式

在游戏中，AI角色可以通过两种方式获得游戏世界的信息——轮询和事件驱动。简略地说，轮询是通过积极地观察世界的方式来获得信息，事件驱动是通过坐等消息的方式来获得信息。

例如，想象一个导弹爆炸的瞬间，引起的区域破坏影响到大约15个左右的游戏对象。如果让每个游戏对象周期性地查询是否附近有爆炸发生，就是轮询；如果让爆炸的导弹告诉每个游戏对象它被击中了以及击中的程度，这就是事件驱动。

4.1.1 轮询方式

很显然，如果想知道周围的世界发生了什么，最简单的方式就是去"查询"。如果角色想知道周围有没有其他AI角色，它可以在代码中直接查找所有AI角色，看看它们是否在附近。这种主动查找感兴趣的信息的方式，就是轮询。这个过程很快也很容易实现，AI角色知道它对哪些事件感兴趣，并且查询相应的信息，不需要什么特别的构架。

但是，当可能感兴趣的事件数量增加时，AI角色就要花大量的时间用于查询，并且查询返回的大部分信息都是无用信息，而且很难调试。

一种让基于轮询的感知系统更容易维护的方式是建立一个轮询中心，在这里进行所有的查询。有时，采用轮询是最好的选择。例如，如果AI角色想检测玩家是否接近，那么直接查询玩家的当前位置就可以了，但有些情况下，还有更好的方式。

4.1.2 事件驱动方式

在Unity3D中，如果想知道附近是否有AI角色，有一种方式可以很容易地实现。这种方法利用了Unity3D的物理引擎，为AI角色（或它的子物体）添加一个大半径（这个半径与AI角色自身尺寸无关，而取决于它的感知范围）的Collider组件，选中isTrigger，当Unity3D的物理引擎检测到碰撞时，就会自动调用OnTriggerEnter函数，这样，只需在OnTriggerEnter()函数中写出相应的代码就可以了。

这种方式可以看作是事件驱动的。在事件驱动的感知系统中，有一个中心检测系统，它查找角色感兴趣的事件是否发生。当发生事件时，它会通知每个角色，这可以看作是某种事件传递机制。例如，当场景中突然响起了枪声，那么中心检测系统会检测到它，然后通知在枪声附近的所有角色，这些角色再做出相应的反应。

这个中心检测系统可以称为"事件管理器"，它记录每个AI角色所感兴趣的事件，并负责检查、处理和分发事件。由于条件和检查都是集中完成的，因此采用这种方式可以很方便地进行记录和显示相关信息，非常有利于调试。

实现时，由于可能发生的事件多种多样，而且它们的检测方式也是多种多样的，因此，一种选择是采用多个专用的事件管理器，每种事件管理器只处理特定类型的信息，例如碰撞、声音或开关状态等，也只有少量的监听者。另一种选择是采用通用的事件管理器，能够处理各种不同类型的信息。

另外，事件检测机制与事件管理器也常常分开实现。检测机制可以有不同的实现方法。

一种可能的事件检测方法是采用独立的代码，以固定的频率检测事件是否发生。如果事件发生，就向事件管理器发送一个事件。这种机制相当于轮询游戏世界的状态，然后将查询结果与感兴趣的所有AI角色分享。

另一种可能的事件检测方法是基于"触发器"的。可以认为，触发器是我们希望AI角色能做出反应的任何"刺激源"，换句话说，是它们触发了AI角色感兴趣的事件，因此，可以直接由它们通知事件管理器发生了某些事件。

事件可能是多种多样的，例如视觉信息、声音、触觉等，采用这种机制时，对事件感兴趣的角色通常称为"监听者（listener）"，因为它们正在"倾听"事件的发生（当然，采用这个词语只是一种比喻，并不是说这些角色只对声音感兴趣）。每个"listener"必须事先向事件管理器"注册"，告知时间管理器它对哪些事件感兴趣，以便时间管理器只将它感兴趣的事件通知它，而忽略它不感兴趣的那些事件。

要通知"listener"事件的发生，最简单常用的方法就是以事件为参数，调用某个函数，例如某个类中的一个方法。

本章会介绍并实现一个事件驱动的感知系统，并且这里的事件检测是基于"触发器"来实现的。

4.1.3　触发器

触发器这个概念是与事件驱动系统相对应的，正如之前介绍过的，触发器是AI角色能对其做出反应的任何"刺激源"，是它们触发了AI角色感兴趣的事件。例如，听觉或视觉刺激，例如枪声、爆炸、临近的敌人或尸体，也可能由游戏中的非AI角色产生。许多触发器具有这样的特性，即当游戏实体进入触发器所在的范围内时，这个触发器就会被触发。触发器范围一般是以触发器为中心的一个区域，在二维游戏中通常是圆形或矩形的，在三维游戏中通常是球体、立方体或圆柱体的。

在游戏设计中，触发器是非常常见的，可以用它们创建各种事件和行为。

- 当玩家射击时，一个声音触发器就被添加到场景中，这样，周围的AI角色会注意到枪声，决定是否逃避或赶来参与战斗。
- 当玩家打倒一个护卫，护卫倒在地下时，相应的视觉触发器使得其他靠近的AI角色对尸体做出反应，决定避开这个区域或上前查看等。
- 门的手柄可以是一个接触触发器，当玩家触碰到它时，门就会打开。
- AI角色沿着昏暗的走廊走向某个地方，地面是对压力敏感的，这样随着AI角色的走动，触发器发出脚步声的回响。

- 在雪地上行走的角色会留下脚印，当角色被击中而逃走时可能会留下血迹，这些都可以是视觉触发器，AI角色可以沿着脚印或血迹追逐角色。

如果只考虑模拟人的感觉，那么上面提到过的触发器似乎已经够了，味觉和嗅觉在游戏中很少使用，而且也可以模拟听觉感知的方式实现。但是，游戏中还有一些其他种类的触发器。例如：

- 时间相关的触发器。游戏角色可能会需要在6点回家吃饭，或者晚上7点后怪物出现的几率增大，又或者游戏进行一定时间后，发生某种剧情。另外，还有每隔一段时间就需要执行的触发，比如刷新怪物等。
- 来自输入接口的触发器。例如，玩家按下Esc键，会触发过场动画等。
- 当玩家开采资源或建造单位到达一个值后触发，发生某些事情。
- 某一个单位发生事件后触发，比如，死亡、被攻击、升级、释放一项技能、购买物品等。
- 单位进入或离开特定区域时触发。例如，进入水域时，要播放游泳动画，发生高度突变时，播放攀爬动画等，或者进入突袭区时，做出某种反应等。
- 指定单位的生命值在某个值以上或以下时触发，可以用于设定剧情。

由于每个AI角色的特点和能力不同，AI角色可以自己决定对哪些触发器做出反应，而忽略另一些触发器。例如，可能有些AI角色是聋的，无法对声音做出反应，或者听觉能力较弱，只能对很近的声音做出反应等。

4.2 常用感知类型的实现

游戏中最常用的感知类型是视觉和听觉。对于视觉，需要配对的视觉触发器和视觉感知器；为了实现听觉，需要配对的声音触发器和声音感知器。总的来说，游戏中有多个触发器以及多个感知器，可以通过一个管理中心——事件管理器，统一对它们进行管理。

另外，游戏中还常常需要模拟人的记忆。例如，如果玩家为了躲避AI角色的射击，向右跨一步，躲到墙的后面，如果这时AI角色马上就忘了玩家，重新进入巡逻状态，那就太不真实了。为此，感知系统还要包括一个记忆感知器。

4.2.1 所有触发器的基类——Trigger类

在介绍视觉和听觉感知之前，需要实现一个触发器类Trigger。这个类是所有触发器的基类，视觉触发器和听觉触发器都是它的派生类。

Trigger类中包含所有触发器共有的相关信息和方法，例如，触发器当前的位置触发器的作用半径（这里我们假设触发器的范围是一个以触发器为中心的圆）以及这个触发器是否已完成使命而需要被移除等。

代码清单4-1　Trigger.cs

```csharp
using UnityEngine;
using System.Collections;
public class Trigger : MonoBehaviour
{
    //保存管理中心对象;
    protected TriggerSystemManager manager;
    //触发器的位置;
    protected Vector3 position;
    //触发器的半径;
    public int radius;
    //当前触发器是否需要被移除
    public bool toBeRemoved;
    //这个方法检查作为参数的感知器s是否在触发器的作用范围内（或当前触发器是否能
    //真正被感知器s感觉到），如果是，那么采取相应的行为。这个方法需要在派生类中实
    //现。
    public virtual void Try(Sensor s)        {        }
    //这个方法更新触发器的内部状态，例如，声音触发器的剩余有效时间等;
    public virtual void Updateme()      {       }
    //这个方法检查感知器s是否在触发器的作用范围内（或当前触发器是否能真正被感知
    //器s感觉到），如果是，返回true，如果不是，返回false，它被Try()调用；需要在派
    //生类中实现;
    protected virtual bool isTouchingTrigger(Sensor sensor)
    {
        return false;
    }
    void Awake()
    {
        //查找管理器并保存;
        manager = FindObjectOfType<TriggerSystemManager>();
    }
    protected void Start()
    {
        //这时不需要被移除，置为false;
        toBeRemoved = false;
    }
```

```
    void Update ()
    {
    }
}
```

4.2.2 所有感知器的基类——Sensor类

Sensor类是所有感知器的基类，视觉感知器和听觉感知器都是它的派生类。

这个类中包含了对感知器类型的枚举定义和变量，还保存了事件管理器。

代码清单4-2　Sensor.cs

```
using UnityEngine;
using System.Collections;
public class Sensor : MonoBehaviour
{
    protected TriggerSystemManager manager;
    public enum SensorType
    {
        sight,
        sound,
        health
    }
    public SensorType sensorType;
    void Awake ()
    {
        //查找管理器并保存;
        manager = FindObjectOfType<TriggerSystemManager> ();
    }
    void Start ()
    {
    }
    void Update ()
    {
    }
    public virtual void Notify(Trigger t)
    {
    }
}
```

4.2.3 事件管理器

这个类负责管理触发器的集合。它维护一个当前所有触发器的列表,当每个触发器被创建时,都会向这个管理器注册自身,加入到这个列表中。事件管理器负责更新和处理所有的触发器,并且当触发器已过期需要被移除时,从列表中删除它们。

事件管理器还维护了一个感知器列表,每个感知器被创建时,向这个管理器注册,加入到感知器列表中。

代码清单4-3　TriggerSystemManager.cs

```
using UnityEngine;
using System.Collections;
using System.Collections.Generic;
public class TriggerSystemManager : MonoBehaviour
{
    //初始化当前感知器列表;
    List<Sensor> currentSensors = new List<Sensor>();
    //初始化当前触发器列表;
    List<Trigger> currentTriggers = new List<Trigger>();
    //记录当前时刻需要被移除的感知器,例如感知体死亡,需要移除感知器时;
    List<Sensor> sensorsToRemove;
    //记录当前时刻需要被移除的触发器,例如触发器已过期时;
    List<Trigger> triggersToRemove;
    void Start()
    {
        sensorsToRemove = new List<Sensor>();
        triggersToRemove = new List<Trigger>();
    }
    private void UpdateTriggers()
    {
        //对于当前触发器列表中的每个触发器t
        foreach (Trigger t in currentTriggers)
        {
            //如果t需要被移除
            if (t.toBeRemoved)
            {
                //将t加入需要移除的触发器列表中(这是由于不能在foreach中直接移除,
                //否则会报错)
```

```csharp
                triggersToRemove.Add(t);
            }
            else
            {
                //更新触发器内部信息;
                t.Updateme();
            }
        }
        //对于需要移除的触发器列表中的每个触发器t, 从当前触发器列表中移除t;
        foreach (Trigger t in triggersToRemove)
            currentTriggers.Remove(t);
}
private void TryTriggers()
{
    //对于当前感知器列表中的每个感知器s
    foreach (Sensor s in currentSensors)
    {
        //如果s所对应的感知体还存在 (没有因死亡而被销毁)
        if (s.gameObject != null)
        {
            //对于当前触发器列表中的每个触发器t
            foreach (Trigger t in currentTriggers)
            {
                //检查s是否在t的作用范围内, 并且做出相应的响应;
                t.Try(s);
            }
        }
        else
        {
            //将感知器s加入到需要移除的感知器列表中;
            sensorsToRemove.Add(s);
        }
    }
    //对于需要移除的感知器列表中的每个感知器s, 从当前感知器列表中移除s;
    foreach (Sensor s in sensorsToRemove)
        currentSensors.Remove(s);
}
```

```
    void Update()    //Tick is also OK.
    {
        //更新所有触发器内部状态;
        UpdateTriggers();
        //迭代所有感知器和触发器，做出相应的行为;
        TryTriggers();
    }
    //用于注册触发器;
    public void RegisterTrigger(Trigger t)
    {
        print("registering trigger:" + t.name);
        //将参数触发器t加入到当前触发器列表中;
        currentTriggers.Add(t);
    }
    //用于注册感知器;
    public void RegisterSensor(Sensor s)
    {
        print("registering sensor:" + s.name + s.sensorType);
        //将参数感知器加入到当前感知器列表中;
        currentSensors.Add(s);
    }
}
```

4.2.4 视觉感知

视觉是最常见的感觉，玩家可以很容易看出视觉感知部分设计的好坏，这就意味着设计者需要尽量将这部分设计得好一些，让AI角色看上去更加真实。

在对视觉感知要求较高的系统中，可以用不同的圆锥来模拟不同类型的视觉。一个近距离、大锥角的圆锥可以模拟出视觉中的余光，而远距离的视觉通常用更长、更窄的圆锥体来表示。

视锥体是模拟视觉的基本方法，它告诉AI角色在以眼睛为中心，一定锥角范围内有哪些敌人。图4.4表示了3个不同的视锥体。

在著名的潜行游戏《Thief》中，对于每个角色的位置和方向，都附加了多个视锥体，这些视锥体用来决定角色是否能感知到其他物体。它们模拟了主要视场，

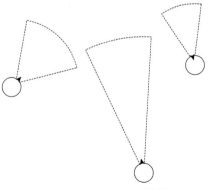

图4.4 3个不同的视锥体

余光视场，甚至第六感，这样，角色就可以知道它们是否被跟踪。

每个视锥体都由一个（或几个）角度和视线能及的最大距离来定义，这两个参数可以采用不同的配置，来提供不同精确程度的信息。

图4.5是游戏《Thief》中的Line-of-Sight。

视觉的另一个特性是它不能穿过障碍物，因此在眼睛与能看到的物体之间，不

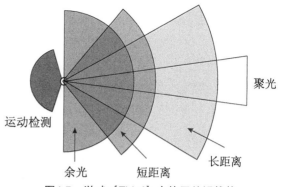

图4.5　游戏《Thief》中使用的视锥体

能有障碍物的遮挡（暂不考虑障碍物和物体的尺寸）。也就是说，只是判断物体是否在视锥体范围之内是不够的，还需要进行视线测试（LOS），才能确定最终的结果。

如果游戏对真实性要求很高，例如一个潜行游戏，那么就要知道，亮度也会影响到可视性。如果玩家在一个昏暗的走廊行走，可能看不到远处的敌人，这时走廊突然被照亮（例如，玩家或敌人手中的手电筒发出的光，或开枪时的闪光），玩家就能看到敌人了。

在设计游戏的过程中，需要记住的是，AI角色不能过于"聪明"。从游戏玩家的角度来看，如果突然被不知从哪里冒出来的AI角色所打倒，显然是很沮丧的事情。因此，可以增加限制条件，限定只有当玩家看到AI角色的情况下，才让AI角色能够看到玩家。

为了降低感知的开销，在游戏《Thief》中，还采用了Level-Of-Detail（LOD）逻辑，这样，当AI角色距离玩家很远时，可以减少感知检测。毕竟，大部分最重要的行为都是发生在玩家附近的。

《Thief》采用了标准的状态机来实现AI逻辑（FSM），但FSM的行为设计得非常聪明，使得游戏具有很高的可玩性。事实上，事件驱动与状态机是一种很好的组合。

为了实现视觉感知，要为感兴趣的、能被看到的那些游戏对象加上一个视觉触发器，视觉触发器类（SightTrigger）是Trigger的派生类，对于AI角色能看到并需要做出响应（这里的响应不包括避开障碍部分，因为那是寻路系统的任务）的每个游戏对象，都需要添加它，例如玩家、宝物、可以捡起的武器等。当AI角色看到这些对象时，就会做出某种反应，例如拾取、追逐、逃避、靠近等。相反，如果某个游戏对象只是一般的无智能障碍物，例如建筑物等，仅仅需要在行走时避开，而不需要引起AI角色的其他特定行为，那么就不需要加上本触发器，而只需要在寻路时将其设置为障碍物就可以了。

需要注意的是，AI角色的感知器中定义的是这个角色的"视力"能力，而这个SightTrigger中定义的半径表示这个触发器的影响范围。例如，如果包含这个触发器的游戏对象尺寸很小，那么显然对应小的作用范围，即小的半径，而如果包含这个触发器的游戏对象（例如一个Boss）的体积很大，那么它的作用范围就会很大，对应大的半径。这里为了简化，只考虑了感知器的感知范围，实际中还可以进一步将触发器的影响范围考虑在内。

代码清单4-4　SightTrigger.cs

```csharp
using UnityEngine;
using System.Collections;
public class SightTrigger : Trigger
{
    public override void Try(Sensor sensor)
    {
        //如果感知器能感觉到这个触发器，那么向感知器发出通知，感知体做出相应的决
        //策或行动；
        if (isTouchingTrigger(sensor))
        {
            sensor.Notify(this);
        }
    }
    //判断感知器是否能感知到这个触发器
    protected override bool isTouchingTrigger(Sensor sensor)
    {
        GameObject g = sensor.gameObject;
        //如果这个感知器能够感知视觉信息
        if (sensor.sensorType == Sensor.SensorType.sight)
        {
            RaycastHit hit;
            Vector3 rayDirection = transform.position - g.transform.position;
            rayDirection.y = 0;
        //判断感知体的向前方向与物体所在方向的夹角，是否在视域范围内；
            if ((Vector3.Angle(rayDirection, g.transform.forward)) <
            (sensor as SightSensor).fieldOfView)
            {
                //在视线距离内是否存在其他障碍物遮挡，如果没有障碍物，则返回true；
                if (Physics.Raycast(g.transform.position + new Vector3(0,1,0),
                rayDirection, out hit, (sensor as SightSensor).viewDistance))
                {
                    if (hit.collider.gameObject == this.gameObject)
                    {
                        return true;
                    }
                }
```

```
            }
        }

        return false;
    }

    //更新触发器的内部信息,由于带有视觉触发器的AI角色可能是运动的,因此要不停更
    //新这个触发器的位置;
    public override void Updateme()
    {
        position = transform.position;
    }
    void Start()
    {
        //调用基类的Start()函数,如果去掉这个语句,那么基类的Start()不会被调用;
        base.Start();
        //向管理器注册这个触发器,管理器会把它加入当前触发器列表中;
        manager.RegisterTrigger(this);
    }
    void Update()
    {
    }
}
```

我们还需要一个视觉感知器,SightSensor类是Sensor类的派生类,能够感知到视觉信息的AI角色都需要加上它,用来感知视觉触发器所触发的视觉信息。

代码清单4-5　SightSensor.cs

```
using UnityEngine;
using System.Collections;
public class SightSensor : Sensor
{
    //定义这个AI角色的视域范围;
    public float fieldOfView = 45;
    //定义这个AI角色最远能看到的距离;
    public float viewDistance = 100.0f;
    private AIController controller;
    void Start()
```

```csharp
        {
            controller = GetComponent<AIController>();
            //设置感知器类型为视觉类型;
            sensorType = SensorType.sight;
            //向管理器注册这个感知器,管理器会将它加入当前感知器列表中;
            manager.RegisterSensor(this);
        }
        void Update()
        {
        }
        public override void Notify(Trigger t)
        {
        //当感知器能够真正感觉到某个触发器的信息时被调用,产生相应的行为或做出某些决策,
        //这里打印出相关信息,在感知体和触发器之间画一条红色连线,然后角色走向看到的物体;
            print("I see a " + t.gameObject.name + "!");
            Debug.DrawLine(transform.position, t.transform.position, Color.red);
            controller.MoveToTarget(t.gameObject.transform.position);
        }
void OnDrawGizmos()
    {
        Vector3 frontRayPoint = transform.position + (transform.forward * viewDistance);
        float fieldOfViewinRadians = fieldOfView*3.14f/180.0f;
        Vector3 leftRayPoint = transform.TransformPoint(new Vector3
            (viewDistance * Mathf.Sin(fieldOfViewinRadians),0,viewDistance *
            Mathf.Cos(fieldOfViewinRadians)));
        Vector3 rightRayPoint = transform.TransformPoint(new Vector3
            (-viewDistance * Mathf.Sin(fieldOfViewinRadians),0,viewDistance *
            Mathf.Cos(fieldOfViewinRadians)));
        Debug.DrawLine(transform.position transform.position+new Vector3(0,1,0),
            frontRayPoint transform.position+new Vector3(0,1,0), Color.green);
        Debug.DrawLine(transform.position transform.position+new Vector3(0,1,0),
            leftRayPoint transform.position+new Vector3(0,1,0), Color.green);
        Debug.DrawLine(transform.position transform.position+new Vector3(0,1,0),
            rightRayPoint transform.position+new Vector3(0,1,0), Color.green);
    }
}
```

4.2.5 听觉感知

听觉感知可以用一个球形区域来模拟。另一种方法是当声音被创建时,为它加上一个强度属性,随着传播距离的增加,声音强度会衰减,而每个AI角色也有自己的听觉阈值,如果声音小于这个阈值,AI角色就听不到这个声音,如图4.6所示。

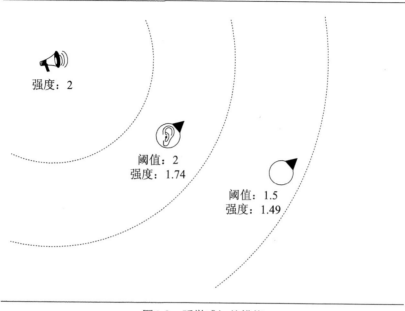

图4.6 听觉感知的模拟

听觉的特殊之处是它会很快消失。它的存在会持续一定时间,然后自行消失。例如,某个爆炸声音或枪声,会在持续两秒后消失。

除了声音之外,还有其他对象,例如血包可能也有这样的时间特性。所有这种具有特定生命周期的触发器,都可以从下面的TriggerLimitedLifetime类派生出来。

代码清单4-6 TriggerLimitedLifetime.cs

```
using UnityEngine;
using System.Collections;
public class TriggerLimitedLifetime : Trigger
{
    //该触发器的持续时间;
    protected int lifetime;
    public override void Updateme()
    {
        //持续时间倒计时,如果剩余持续时间小于等于0,那么将它标记为需要移除;
        if (--lifetime <= 0)
        {
```

```
            toBeRemoved = true;
        }
    }
    void Start ( )
    {
        base.Start ( );
    }
    void Update ( )
    {
    }
}
```

声音触发器是TriggerLimitedLifetime的派生类，它可以用来通知AI角色其他游戏实体的武器发射声音、爆炸声、窗户被打碎或物体被撞倒的声音（在潜行类游戏中非常重要）等。

例如，当武器开火时，在开火的位置会创建一个SoundTrigger，它的半径（作用范围）可以设置为与武器的声音大小成正比。此时，在一定范围内，且具有声音感知器的感知体就能够"听到"这个声音，并做出反应。

代码清单4-7　SoundTrigger.cs

```
using UnityEngine;
using System.Collections;
public class SoundTrigger : TriggerLimitedLifetime
{
    //判断感知体是否能听到声音触发器发出的声音，如果能，通知感知器；
    public override void Try (Sensor sensor)
    {
        if (isTouchingTrigger (sensor))
        {
            sensor.Notify (this);
        }
    }
    //判断感知体是否能听到声音触发器发出的声音；
    protected override bool isTouchingTrigger (Sensor sensor)
    {
        GameObject g = sensor.gameObject;
        //如果感知器能够感知声音；
        if (sensor.sensorType == Sensor.SensorType.sound)
```

```csharp
        {
            //如果感知体与声音触发器的距离在声音触发器的作用范围内，返回true；
            if ((Vector3.Distance(transform.position, g.transform.position))
            < radius)
            {
                return true;
            }
        }
        return false;
    }
    void Start()
    {
        //设置该触发器的持续时间；
        lifetime = 3;
        //调用基类的Start()函数；
        base.Start();

        //将这个触发器加入到管理器的触发器列表中；
        manager.RegisterTrigger(this);
    }
    void Update()
    {
    }
    void OnDrawGizmos()
    {
        Gizmos.color = Color.blue;
        Gizmos.DrawWireSphere(transform.position,radius);
    }
}
```

为具有"听觉"的AI角色加上声音感知器，这个感知器是Sensor的派生类，用来感知由声音触发器触发的那些声音信息。

代码清单4-8　SoundSensor.cs

```csharp
using UnityEngine;
using System.Collections;
public class SoundSensor : Sensor
{
```

```csharp
//定义感知体的听觉范围，这里并没有实际使用；
public float hearingDistance = 30.0f;
private AIController controller;
void Start ()
{
    controller = GetComponent<AIController>();
    //设置感知器类型为声音感知器；
    sensorType = SensorType.sound;
    //向管理器注册这个感知器；
    manager.RegisterSensor(this);
}
void Update ()
{
}
public override void Notify(Trigger t)
{
    //当感知体能够听到触发器的声音时被调用，做出相应行为，这里打印信息，并走向声音的位置；
    print ("I hear some sound at" + t.gameObject.transform.position + Time.time);
    controller.MoveToTarget(t.gameObject.transform.position);
}
}
```

4.2.6 触觉感知

触觉感知可以交给Unity3D的物理引擎来处理。通过为一个游戏物体加上碰撞体，并选中Inspector面板中的isTrigger属性，就可以把它标记为"触发器"。触发器不受物理引擎的控制，当触发器和另一个Collider发生碰撞时（其中至少有一个附加了Rigidbody组件），会发出3个触发信息，分别是OnTriggerEnter（当碰撞体Collider进入trigger触发器时调用）、OnTriggerExit（当碰撞体Collider停止触发trigger时调用）、OnTriggerStay（当碰撞体Collider接触trigger触发器时，这个函数将在每帧被调用）。在这3个函数中编写相应的代码，就可以实现触觉感知了。

因此，Unity3D已经为触觉感知提供了事件管理器，所以在事件感知器中，不再需要编写触觉相关的代码。

灵活应用触觉感知可以实现许多事件，比如显示提示信息、自动门的开启、生命值供给器、武器供给器等。

4.2.7 记忆感知

为了让角色具有记忆，实现了一个SenseMemory类，这个类具有一个记忆列表，列表中保存了每个最近感知到的对象、感知类型、最后感知到该对象的时间以及还能在记忆中保留的时间，当有一段时间没有感知到这个对象，这个时间超出了记忆时长时，就会将这个对象从记忆列表中删除。

代码清单4-9　SenseMemory.cs

```csharp
using UnityEngine;
using System.Collections;
using System.Collections.Generic;
public class SenseMemory : MonoBehaviour
{
    //已经在列表中?
    private bool alreadyInList = false;
    //记忆留存时间;
    public float memoryTime = 4.0f;
    //记忆列表;
    public List<MemoryItem> memoryList = new List<MemoryItem>();
    //此时需要从记忆列表中删除的项;
    private List<MemoryItem> removeList = new List<MemoryItem>();
    //在记忆列表中寻找玩家信息;
    public bool FindInList()
    {
        foreach (MemoryItem mi in memoryList)
            if (mi.g.tag == "Player")
                return true;
        return false;
    }
    //向记忆列表中添加一个项;
    public void AddToList(GameObject g, float type)
    {
        alreadyInList = false;
        //如果该项已经在列表中，那么更新最后感知时间等信息;
        foreach (MemoryItem mi in memoryList)
        {
            if (g == mi.g)
```

```csharp
            {
                alreadyInList = true;
                mi.lastMemoryTime = Time.time;
                mi.memoryTimeLeft = memoryTime;
                if (type > mi.sensorType)
                    mi.sensorType = type;
                break;
            }
        }
        //如果不在列表中,新建项并加入列表;
        if (!alreadyInList)
        {
            MemoryItem newItem = new MemoryItem(g, Time.time, memoryTime, type);
            memoryList.Add(newItem);
        }
    }
    void Update()
    {
        removeList.Clear();
        //遍历所有项,找到那些超时需要"忘记"的项,删除;
        foreach (MemoryItem mi in memoryList)
        {
            mi.memoryTimeLeft -= Time.deltaTime;
            if (mi.memoryTimeLeft < 0)
            {
                //memoryList.Remove(mi);
                removeList.Add(mi);
            }
            else
            {
                //对没被删除的项,画出一条线,表示仍然在记忆中;
                if (mi.g != null)
                    Debug.DrawLine(transform.position, mi.g.transform.position,
                    Color.blue);
            }
        }
        foreach (MemoryItem m in removeList)
        {
```

```
            memoryList.Remove(m);
        }
    }
}
public class MemoryItem
{
    //感知到的游戏对象；
    public GameObject g;
    //最近的感知时间；
    public float lastMemoryTime;
    //还能留存在记忆中的时间；
    public float memoryTimeLeft;
    //通过哪种方式感知到的该对象，视觉为1，听觉为0.66。
    public float sensorType;
    public MemoryItem(GameObject objectToAdd, float time, float timeLeft,float type)
    {
        g = objectToAdd;
        lastMemoryTime = time;
        memoryTimeLeft = timeLeft;
        sensorType = type;
    }
}
```

4.2.8 其他类型的感知——血包、宝物等物品的感知

这个感知系统还可以包含其他类型的触发与感知，下面以生命值供给器为例，来说明它在其他方面的应用。

有一些游戏对象，在被一个实体触发后，会保持一定时间的非活动状态，例如，一些角色可以"捡起"的物件，如血包或武器。当它被捡起后，会在一定时间内处于非活动状态，之后又重新变为活动的，可以再次被捡起。

这种触发器都可以从下面的TriggerRespawning类派生出来。

代码清单4-10　TriggerRespawning.cs

```
using UnityEngine;
using System.Collections;

public class TriggerRespawning : Trigger
```

```csharp
{
    //两次活跃之间的间隔时间；
    protected int numUpdatesBetweenRespawns;

    //距离下次再生还需要等待的时间；
    protected int numUpdatesRemainingUntilRespawn;

    //当前是否是活动状态；
    protected bool isActive;

    //设置isActive为活动状态；
    protected void SetActive()
    {
        isActive = true;
    }

    //设置isActive为非活动状态；
    protected void SetInactive()
    {
        isActive = false;
    }

    //将触发器设置为非活动状态
    protected void Deactivate()
    {
        //设置isActive变量为非活动的；
        SetInactive();

        //重置剩余时间变量为两次活跃之间的间隔时间；
        numUpdatesRemainingUntilRespawn = numUpdatesBetweenRespawns;
    }


    public override void Updateme()
    {
        //倒计时，如果距离变为活动状态的剩余时间小于等于0,且目前是非活动的
        if ((--numUpdatesRemainingUntilRespawn <= 0) && !isActive)
```

```
        {
            //将触发器设置为活动状态;
            SetActive();
        }
    }


    protected void Start()
    {
       //当前是活动的;
       isActive = true;
       //调用基类的Start()函数;
       base.Start();
    }



    void Update()
    {
    }
}
```

下面的血包供给器是TriggerRespawning类的派生类,当能够感知它的角色接近它时,就可以增加生命值。

代码清单4-11　TriggerHealthGiver.cs

```
using UnityEngine;
using System.Collections;

public class TriggerHealthGiver : TriggerRespawning
{
    //设置每次增加的生命值;
    public int healthGiven = 10;

    //检测当前触发器是否是活动的,并且感知器是否在这个触发器的作用范围内;
    public override void Try(Sensor sensor)
    {
        if (isActive && isTouchingTrigger(sensor) )
```

```csharp
        {
            AIController controller = sensor.GetComponent<AIController>();
            if (controller != null)
            {
                //增加生命值;
                controller.health += healthGiven;
                //显示当前生命值;
                print("now my health is :" + healthScript.health);
                //将它的颜色变为绿色;
                this.renderer.material.color = Color.green;
                //调用Coroutine开始计时;
                //调用感知器的Notify函数,以便感知体做出相应行动;
                StartCoroutine("TurnColorBack");
                sensor.Notify(this);
            }
            else
                print("Can't get health script!");

            //将这个触发器置为非活动状态;
            Deactivate();
        }
    }

    //过3秒之后,生命值供给器变为黑色,表示处于非激活状态;
    //事实上,当增加生命值后便立刻变为非激活状态,只是为了更容易观察,才多等待3秒再
    变色;
    IEnumerator TurnColorBack()
    {
        yield return new WaitForSeconds(3);
        this.renderer.material.color = Color.black;
    }

    //检查感知器是否在这个触发器的作用范围内;
    protected override bool isTouchingTrigger(Sensor sensor)
    {
        GameObject g = sensor.gameObject;
```

```csharp
        //如果感知器能够感觉到health;
        if (sensor.sensorType == Sensor.SensorType.health)
        {
            //触发器与感知器的距离是否小于触发器的作用半径
            if ((Vector3.Distance(transform.position, g.transform.position))
            < radius)
            {
                return true;
            }
        }

        return false;
    }

    void Start()
    {
        //设置两次活动状态之间的间隔时间;
        numUpdatesBetweenRespawns = 6000;

        //调用基类的Start()函数;
        base.Start();

        //向管理器注册这个触发器;
        manager.RegisterTrigger(this);
    }

    void Update()
    {
    }

    void OnDrawGizmos()
    {
        Gizmos.color = Color.yellow;
        Gizmos.DrawWireSphere(transform.position, radius);
    }
}
```

下面的HealthSensor类是Sensor的派生类，添加了它的AI角色在靠近生命值触发器（如血包）时，能够增加自身的生命值。

代码清单4-12　HealthSensor.cs

```csharp
using UnityEngine;
using System.Collections;

public class HealthSensor : Sensor
{
    void Start ()
    {
        //设置感知器类型;
        sensorType = SensorType.health;

        //向管理器注册这个感知器;
        manager.RegisterSensor(this);
    }

    public override void Notify(Trigger t)
    {
        //可以添加一些代码，做某些处理，本例中什么也不做;
    }
}
```

4.3　AI士兵的综合感知示例

本节将实现一个综合感知的例子。这里有一个玩家，3个具有视觉和听觉感知的AI士兵，当某个AI士兵看到玩家、听到玩家的枪声，或听到玩家不小心撞碎玻璃瓶发出的声音时，就会以某种方式通知其他两个AI士兵，于是3个士兵都会开始追逐玩家。当AI士兵与玩家小于某个距离，并且能看到玩家时，停止追逐并开始射击。

每个AI士兵还拥有自己的记忆，会记住最近一段时间内感知到的视觉和听觉信息，并根据信息选择行为。例如，即使暂时看不到玩家，只要还能记住玩家最后出现的位置，就会朝该位置追逐或射击。

AI士兵还能感觉到血包，当靠近某个血包时，生命值会自动增加。此后一段时间内，血包处于非激活状态，之后将再次激活。

4.3.1 游戏场景设置

步骤1：新建一个场景，添加一个平面作为可行走的地面。调整相机位置，添加灯光。添加一些障碍物，例如墙体，分别设置地面和障碍物的Layer层为Ground和Obstacles。导入A* Pathfinding Project插件，添加A*寻路对象，扫描得到寻路网格。

步骤2：添加感知触发管理器。创建一个空物体，将它命名为SensoryManager，添加TriggerSystemManager.cs脚本。

步骤3：添加血包。单击【GameObject】→【Create Other】→【Cube】，创建一个小立方体，调整它的大小，使其能看见即可，为它添加TriggerHealthGiver.cs脚本。

步骤4：添加一个瓶子，为它加上Rigidbody组件和Bottle.cs脚本。然后创建一个瓶子破碎声音的预置体，它有CollisionSound.cs脚本和SoundTrigger.cs脚本，还有Audio Source组件，如图4.7、图4.8所示。

当玩家与瓶子碰撞时，会调用OnTriggerEnter函数，实例化瓶子打碎声音的预置体，触发声音。

图4.7　CollisionSound预置体的Inspector面板

图4.8　Bottle的Inspector面板

代码清单4-13　CollisionSound.cs

```
using UnityEngine;
using System.Collections;

public class CollisionSound : MonoBehaviour
{
    public AudioClip collisionSound;
```

```
void Start ()
{
    audio.PlayOneShot(collisionSound);
}
}
```

代码清单4-14　Bottle.cs

```
using UnityEngine;
using System.Collections;

public class Bottle : MonoBehaviour
{
    public GameObject collisionPrefab;

    void OnTriggerEnter(Collider other)
    {
        if (other.tag != "Ground")
        {
            Instantiate(collisionPrefab, transform.position, Quaternion.
            identity);

            Destroy(this);
        }
    }
}
```

4.3.2　创建AI士兵角色

步骤1：将带有动画的士兵模型拖入到场景中，为它添加Character Controller，添加SightSensor.cs、SoundSensor.cs和HealthSensor.cs脚本，分别用于感知视觉、听觉信息和感知血包；添加SenseMemory.cs脚本，用于记忆；添加Seeker组件，用于寻路；添加AIController1.cs脚本，用于控制士兵行为；为了让其他AI士兵也能看到它，还要添加SightTrigger.cs。

为士兵创建巡逻点，这里假设每个士兵有4个巡逻点，它们都是一个空物体Enemy1PatrolPoints的子物体。然后，将Enemy1PatrolPoints拖动到士兵的Inspector面板中AIController1的Patrol Way Points处，如图4.9所示。

这里为了实现游戏要求的行为，需要对前面的SightSensor.cs和SoundSensor.cs做一些修改。

图4.9　AI士兵的Inspector面板

代码清单4-15　SightSensor.cs

```
using UnityEngine;
using System.Collections;

public class SightSensor : Sensor
{
    public float fieldOfView = 45;
    public float viewDistance = 100.0f;

    private AIController1 controller;

    //黑板对象;
    private Blackboard bb;

    //记忆对象;
    private SenseMemory memoryScript;


    void Start ()
```

```csharp
{
    controller = GetComponent<AIController1>();

    sensorType = SensorType.sight;
    manager.RegisterSensor(this);

    bb = GameObject.FindGameObjectWithTag("Blackboard").GetComponent<Blackboard>();
    memoryScript = GetComponent<SenseMemory>();
}

void Update()
{
}

public override void Notify(Trigger t)
{
    print("I see a " + t.gameObject.name + "!");
    Debug.DrawLine(transform.position, t.transform.position, Color.red);

    //如果看到的是玩家;
    if (t.tag == "Player")
    {
        //在黑板上记录玩家位置和更新时间;
        bb.playerLastPosition = t.gameObject.transform.position;
        bb.lastSensedTime = Time.time;
    }

    if (memoryScript != null)
    {
        //添加到记忆列表中;
        memoryScript.AddToList(t.gameObject, 1.0f);
    }

}

/*
void OnDrawGizmos()
```

```
    {
        Vector3 frontRayPoint = transform.position + (transform.forward *
        viewDistance);
        float fieldOfViewinRadians = fieldOfView*3.14f/180.0f;
        Vector3 leftRayPoint = transform.TransformPoint(new Vector3
        (viewDistance * Mathf.Sin(fieldOfViewinRadians),0,viewDistance *
        Mathf.Cos(fieldOfViewinRadians)));
        Vector3 rightRayPoint = transform.TransformPoint(new Vector3
        (-viewDistance * Mathf.Sin(fieldOfViewinRadians),0,viewDistance *
        Mathf.Cos(fieldOfViewinRadians)));
        Debug.DrawLine(transform.position+new Vector3(0,1,0),
        frontRayPoint+new Vector3(0,1,0), Color.green);
        Debug.DrawLine(transform.position+new Vector3(0,1,0),
        leftRayPoint+new Vector3(0,1,0), Color.green);
        Debug.DrawLine(transform.position+new Vector3(0,1,0),
        rightRayPoint+new Vector3(0,1,0), Color.green);
    }*/

}
```

代码清单4-16　SoundSensor.cs

```
using UnityEngine;
using System.Collections;

public class SoundSensor : Sensor
{
    public float hearingDistance = 30.0f;
    //private AIController1 controller;
    private Blackboard bb;
    private SenseMemory memoryScript;

    void Start()
    {
        sensorType = SensorType.sound;
        manager.RegisterSensor(this);

        bb = GameObject.FindGameObjectWithTag("Blackboard").
        GetComponent<Blackboard>();
```

```csharp
        memoryScript = GetComponent<SenseMemory>();
    }


    void Update()
    {

    }

    public override void Notify(Trigger t)
    {
        print("I hear some sound at" + t.gameObject.transform.position + 
        Time.time);

        if (memoryScript != null)
        {
            //添加到记忆中;
            memoryScript.AddToList(t.gameObject, 0.66f);
        }

        //添加到黑板中;
        bb.playerLastPosition = t.gameObject.transform.position;
        bb.lastSensedTime = Time.time;
    }

}
```

代码清单4-17 AIController1.cs

```csharp
using UnityEngine;
using System.Collections;
using Pathfinding;

//这个类是AIPath的派生类;
public class AIController1 : AIPath
{
    public int health;
    public float arriveDistance = 1.0f;
    //巡逻的路点;
```

```csharp
public Transform patrolWayPoints;
//目标点预置体;
public GameObject targetPrefab;
//可以停止追逐，开始射击的距离;
public float shootingDistance = 7.0f;
//从射击状态重新转换到追逐状态的距离;
public float chasingDistance = 8.0f;

private Animation anim;
//黑板对象;
private Blackboard bb;
//当前路点索引;
private int wayPointIndex = 0;
//最近感知到玩家的位置;
private Vector3 personalLastSighting;
//上次的玩家位置;
private Vector3 previousSighting;
//路点的数组;
private Vector3[] wayPoints;
//记忆对象;
private SenseMemory memory;

public enum FSMState
{
    Patrolling = 0,   //巡逻状态;
    Chasing,          //追逐状态;
    Shooting,         //射击状态;
}

private FSMState state;


void Start ()
{
    health = 30;

    anim = GetComponent<Animation>();
```

```csharp
    //获得黑板对象;
    bb = GameObject.FindGameObjectWithTag("Blackboard").
    GetComponent<Blackboard>();
    personalLastSighting = bb.resetPosition;
    previousSighting = bb.resetPosition;

    //获得记忆对象;
    memory = GetComponent<SenseMemory>();

    GameObject newTarget = Instantiate(targetPrefab, transform.
    position, transform.rotation) as GameObject;
    target = newTarget.transform;

    state = FSMState.Patrolling;

    //保存所有路点到一个数组中;
    wayPoints = new Vector3[patrolWayPoints.childCount];
    int c = 0;
    foreach (Transform child in patrolWayPoints)
    {
        wayPoints[c] = child.position;
        c++;
    }

    target.position = wayPoints[0];

    base.Start();

}


public override void Update()
{
    //如果玩家位置发生变化,更新;
    if (bb.playerLastPosition != previousSighting)
        personalLastSighting = bb.playerLastPosition;
```

```csharp
        switch (state)
        {
        case FSMState.Patrolling:
            Patrolling();
            break;
        case FSMState.Chasing:
            Chasing();
            break;
        case FSMState.Shooting:
            Shooting();
            break;

        }

        previousSighting = bb.playerLastPosition;

        Debug.Log(state);
}

bool CanSeePlayer()
{
    //如果玩家还在记忆中,那么认为能"看到"玩家;
    if (memory != null)
        return memory.FindInList();
    else
        return false;
}


void Shooting()
{
    state = FSMState.Shooting;
    anim.Play("StandingFire");

    //如果玩家位置被重置,即每个AI士兵都看不到玩家,那么重新进入巡逻状态;
    if (personalLastSighting == bb.resetPosition)
        state = FSMState.Patrolling;
```

```csharp
        //如果玩家位置更新,可以再次开始追逐;
        if ((personalLastSighting != previousSighting) && Vector3.Distance
        (transform.position,personalLastSighting) > chasingDistance)
        {
            Debug.Log("change to chasing again.....................");
            state = FSMState.Chasing;
        }
    }

    void Chasing()
    {
        state = FSMState.Chasing;
        target.position = personalLastSighting;

        //如果距离玩家很近,并且能看到玩家,则转换为射击状态;否则继续追逐;
        if ((Vector3.Distance(transform.position, target.position) <
        shootingDistance) && CanSeePlayer())
            state = FSMState.Shooting;
        else
            base.Update();

        anim.CrossFade("Run");

    }

    void Patrolling()
    {
        state = FSMState.Patrolling;

        //如果到达最后一个路点,重新从第一个路点开始;否则,目标设置为下一个路点;
        if (Vector3.Distance(transform.position, target.position) < 3)
        {
            if (wayPointIndex == wayPoints.Length - 1)
            {
                wayPointIndex = 0;
                target.position = wayPoints[wayPointIndex];
            }
```

```
            else
            {
                wayPointIndex++;
                target.position = wayPoints[wayPointIndex];
            }
        }

        base.Update();

        anim.Play("Walk");

        //如果某个AI士兵看到玩家，进入追逐状态；
        if (personalLastSighting != bb.resetPosition)
            state = FSMState.Chasing;

    }
}
```

利用同样的方法再添加两个AI士兵，为了使它们能共享彼此感知到的信息，还需要一个"黑板"，用于它们之间的通信。

步骤2：添加空物体，命名为SharingBlackboard，然后为它添加Blackboard.cs脚本。

代码清单4-18　Blackboard.cs

```
using UnityEngine;
using System.Collections;

public class Blackboard : MonoBehaviour
{
    //最近一次感知到玩家时，玩家的位置；
    public Vector3 playerLastPosition;
    //当没有感知到玩家时，设置的位置；
    public Vector3 resetPosition;
    //上次更新玩家信息的时间；
    public float lastSensedTime = 0;
    //重置玩家位置前等待的时间；
```

```
public float resetTime = 1.0f;

void Start ()
{
    playerLastPosition = new Vector3(100,100,100);
    resetPosition = new Vector3(100,100,100);
}



void Update ()
{
    //如果距离上次更新玩家的时间超过了resetTime, 那么重置玩家位置;
    if (Time.time - lastSensedTime > resetTime)
    {
        playerLastPosition = resetPosition;
    }
}
}
```

4.3.3 创建玩家角色

将带有动画的玩家模型拖入到场景中，为它添加Character Controller，添加SightTrigger.cs脚本，添加PlayerController.cs脚本控制它的运动。

玩家的Inspector面板如图4.10所示。

图4.10 玩家的Inspector面板

代码清单4-19　PlayerController.cs

```csharp
using UnityEngine;
using System.Collections;

public class PlayerController : MonoBehaviour {

    private Animation anim;
    private CharacterController controller;
    private Transform _t;

    private float input_x;
    private float input_y;

    public float antiBunny = 0.75f;
    private Vector3 _velocity = Vector3.zero;
    public float _speed = 1;
    public float gravity = 20;

    private float rotateAngle;
    private float targetAngle = 0;
    private float currentAngle;
    private float yVelocity = 0.0F;

    private int health;
    public Texture2D redblood;
    public Texture2D blackblood;


    void Start ()
    {
        health = 100;
        controller = GetComponent<CharacterController>();
        anim = GetComponent<Animation>();
        _t = transform;

        currentAngle = targetAngle = HorizontalAngle(transform.forward);
    }
```

```csharp
void Update()
{
    rotateAngle = Input.GetAxis("Rotate") * Time.deltaTime * 50;
    targetAngle += rotateAngle;

    currentAngle = Mathf.SmoothDampAngle(currentAngle, targetAngle,
        ref yVelocity, 0.3f);
    transform.rotation = Quaternion.Euler(0,currentAngle,0);

    float input_modifier = (input_x != 0.0f && input_y != 0.0f) ?
        0.7071f : 1.0f;

    input_x = Input.GetAxis("Horizontal");
    input_y = Input.GetAxis("Vertical");

    _velocity = new Vector3(input_x * input_modifier, -antiBunny,
        input_y * input_modifier);
    _velocity = _t.TransformDirection(_velocity) * _speed;

    _velocity.y -= gravity * Time.deltaTime;
    controller.Move(_velocity * Time.deltaTime);

    if (((input_y > 0.01f) || (rotateAngle > 0.01f)|| (rotateAngle
        < -0.01f)))
        anim.CrossFade("Walk");

    if (input_y < -0.01f)
        anim.CrossFade("WalkBackwards");

    if (input_x > 0.01f)
        anim.CrossFade("StrafeWalkRight");

    if (input_x < -0.01f)
        anim.CrossFade("StrafeWalkLeft");

    if (Input.GetButton("Fire1"))
    {
```

```
                anim.Play ("StandingFire");
            }

        }
        private float HorizontalAngle (Vector3 direction)
        {
            float num = Mathf.Atan2 (direction.x, direction.z) * 57.29578f;
            if (num < 0f)
            {
                num += 360f;
            }
            return num;
        }
    }
```

图4.11是整个场景的Hierarchy面板。

4.3.4 显示视觉范围、听觉范围和记忆信息

为了更好地观察和调试，还可以将视觉范围、听觉范围和记忆信息实时显示在屏幕上，这可以利用Unity提供的Handles类来实现。

图4.11 场景的Hierarchy面板

代码清单4-20 DrawViewCone.cs

```
using UnityEngine;
using UnityEditor;

[CustomEditor (typeof (SightSensor))]
public class DrawViewCone : Editor
{
    private float viewDistance;
    private float fieldOfView;

    void OnSceneGUI ()
    {
        SightSensor myTarget = (SightSensor)target;
```

```csharp
        viewDistance = myTarget.viewDistance;
        fieldOfView = myTarget.fieldOfView;

        float fieldOfViewinRadians = fieldOfView*3.14f/180.0f;
        Vector3 leftRayPoint = myTarget.transform.TransformPoint(new
        Vector3(-viewDistance * Mathf.Sin(fieldOfViewinRadians),0,viewD
        istance * Mathf.Cos(fieldOfViewinRadians)));
        Vector3 from = leftRayPoint - myTarget.transform.position;

        Handles.color = new Color(0f, 1f, 1f, 0.2f);

        //画出扇形区域；表示视觉区域；
        Handles.DrawSolidArc(myTarget.transform.position,myTarget.
        transform.up,from,fieldOfView*2,viewDistance);

        Handles.color = new Color(0f,1f,1f,0.1f);
    }
}
```

代码清单4-21　DrawHearRegion.cs

```csharp
using UnityEngine;
using UnityEditor;

[CustomEditor(typeof(SoundSensor))]
public class DrawHearRegion : Editor
{
    private float radius;

    void OnSceneGUI()
    {
        SoundSensor myTarget = (SoundSensor)target;
        radius = myTarget.hearingDistance;

        Handles.color = new Color(0f, 0.8f, 0.4f, 0.2f);

            //画出圆形区域；表示听觉区域；
```

```
            Handles.DrawSolidDisc(myTarget.transform.position,myTarget.
            transform.up,radius);

            Handles.color = new Color(0f,1f,1f,0.1f);
    }
}
```

代码清单4-22 DrawMemory.cs

```
using UnityEngine;
using UnityEditor;

[CustomEditor(typeof(SenseMemory))]
public class DrawMemory : Editor
{
    private Vector3 knowPos;
    private float timeStamp;
    private float timeLeft;
    private float knowType;

    void OnSceneGUI()
    {
        GUIStyle style = new GUIStyle();
        style.normal.textColor = Color.blue;

        SenseMemory myTarget = (SenseMemory)target;

        foreach (MemoryItem mi in myTarget.memoryList)
        {
            //显示文本框；表示记忆中的信息；
            Handles.Label(mi.g.transform.position + Vector3.up, "Position:"
            + mi.g.transform.position.ToString()
                + "\nSensor Type:" + mi.sensorType.ToString()
                + "\nSense Time Stamp:" + mi.lastMemoryTime.ToString()
                + "\nMemory Time Left:" + mi.memoryTimeLeft.ToString(),style);

            //Handles.BeginGUI(new Rect(Screen.width - 100, Screen.height
            - 80, 90, 50));
```

```
    }

    Handles.BeginGUI(new Rect(Screen.width - 100, Screen.height - 
    80, 90, 50));

  }
}
```

4.3.5　游戏运行结果

运行游戏，如图4.12所示。图中围绕AI士兵的圆形区域为AI士兵的听觉范围，扇形区域为AI士兵的视觉范围，靠近玩家的文本框表示这个玩家目前在AI士兵的记忆中，其中显示了位置、记忆留存时间、最后感知时间和感知类型信息。

图4.12是当AI士兵巡逻期间，看到了玩家。

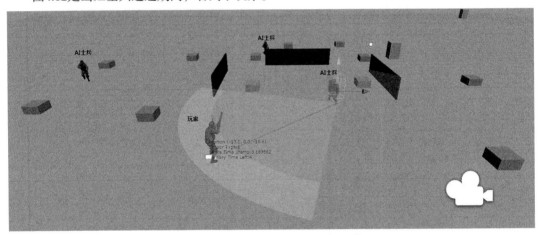

图4.12　AI士兵在巡逻期间看到玩家

图4.13中，刚刚看到玩家的士兵通过黑板通知了其他士兵，其他士兵也跑过来并向玩家射击。

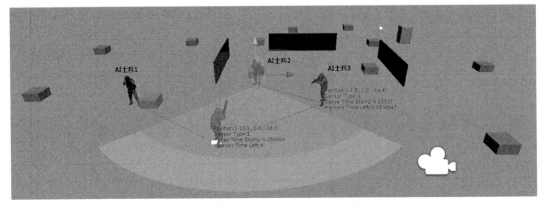

图4.13　其他AI士兵也跑过来向玩家射击

图4.14是AI士兵正在巡逻过程中,它没有看到玩家,但听到了玩家碰倒玻璃瓶子的声音,感知到声音,于是转头跑向玩家。

从图4.15中可以看到,听到声音的AI士兵通过黑板通知了其他AI士兵玩家的位置,其他两个AI士兵也跑过来,射击。这时,选中的AI士兵只能看到玩家,但之前曾看到过的另一个AI士兵还存留在记忆中,因此,此时被选中的AI士兵记忆中有两个游戏对象,即文本框旁的两个游戏对象——玩家和另一个AI士兵。而远处的AI士兵正在向玩家跑过来。

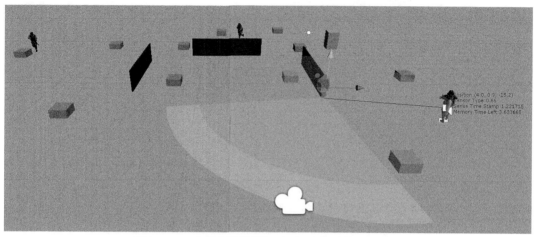

图4.14　AI士兵在巡逻期间听到玩家打碎瓶子的声音

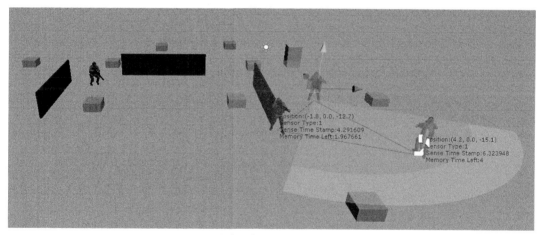

图4.15　其他AI士兵也跑过来向玩家射击

第5章
AI角色自主决策——有限状态机

决策系统的任务是对从游戏世界中收集到的各种信息进行处理（包括内部信息和外部信息），确定AI角色下一步将要执行的行为。这些行为由两部分组成：一些行为会更改AI角色的外部状态，例如拨动开关、进入房间、开枪等；另一些行为只会引起内部状态的变化，例如改变AI角色的心情状态、改变总体目标等，如图5.1所示。

AI角色通过决策系统来确定下一步的行为，因此决策系统的重要性无需多言。幸运的是，相对于运动系统和感知系统来说，游戏设计者并不需要费太多力，利用有限状态机或行为树就可以构造出一个看上去不错的决策系统。本书将分别在第5章和第6章中介绍这两种决策技术。

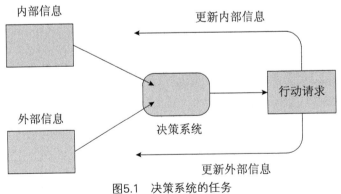

图5.1　决策系统的任务

5.1 有限状态机的FSM图

有限状态机（Finite State Machine：FSM）由一组状态（包括一个初始状态）、输入和根据输入及现有状态转换为下一个状态的转换函数组成。

有限状态机具有规则的结构，通过采用有限状态机，可以将AI角色的行为模式用一些状态和这些状态之间的转换来表示。

那么，什么是状态呢？飞翔、行走、跑这些动词都是状态，累了、高兴、生气这些形容词也是状态，甚至一些名词也可以表示状态，它们都表示不同的行为方式或存在方式。对于游戏AI来说，状态的关键意义是：不同的状态对应不同的行为。

状态是由游戏设计者事先设定的。举例来说，对于一个具有情绪的AI角色，可以赋予它4种状态：高兴、生气、害怕和悲伤，在游戏中的任一时刻，它都处于这4种状态之一。每种状态都有对应的行为和动作，例如，高兴时它会笑，悲伤时它会哭泣等。

对于游戏中的一个怪物，也可以定义6种状态，分别是：空闲、行走、奔跑、进攻、躲避和死亡。当怪物处于行走状态时，循环播放行走动画，而当它处于奔跑状态时，则循环播放奔跑动画等，每个状态对应的行为也是由游戏设计者定义的。

关于有限状态机（FSM），需要了解以下几点。

（1）有限状态机是AI系统中最简单的，同时也是最为有效和最常用的方法。对于游戏中的每个对象，都可以在其生命期内区分出一些状态。例如，一个骑士可能正在武装自己、巡逻、攻击或在休息，一个农民可能在收集木材、建造房屋，或在攻击下保护自己。

（2）当某些条件发生时，状态机从当前状态转换为其他状态。在不同的状态下，游戏对象会对外部激励做出不同的反应或执行不同的动作。有限状态机方法让我们可以很容易地把游戏对象的行为划分为小块，这样更容易调试和扩展。

（3）用户编写的每个程序都是状态机。每当写下一个if语句的时候，就创造出了一段至少拥有两个状态的代码——写的代码越多，程序就可能具有越多的状态。Switch和if语句数量的爆发会让事情很快失去控制，程序会出现奇怪的bug，几乎不可能理解出现这些bug的原因，最后得到不可预知的后果。这样，该项目将很难理解和扩展。

（4）有限状态机是AI中最容易的部分，但是也很容易出错。在设计有限状态机的时候，一定要认真地考虑清楚其中的每个状态和转换部分。

一个有限状态机必须要有一个初始状态，还要保存当前状态，另外还有一些事件作为触发状态转换的触发器，这些事件可能来自输入、关卡中的触发点、消息或轮询检测的某些条件。表示有限状态机的最直接的方法是FSM图。

5.1.1 《Pac-Man（吃豆人）》游戏中红幽灵的FSM图

有限状态机的历史已经算得上是悠久了，《Pac-Man》游戏中的魔鬼就是通过有限状态机实现的，这些魔鬼可以四处游走、追逐玩家、躲避玩家。在不同状态下，它们的行为也有所不同，而状态之间的转换是由玩家的行动决定的。例如，如果玩家吃下了能量球，那么魔鬼的状态也许会从追逐转换为逃避，如图1.1所示。

图5.2是《Pac-Man》游戏中的一个Red Ghost Blinky（红幽灵）的FSM框图，这是一个直接追逐玩家的AI角色。它的行为逻辑是这样的：

（1）Red Ghost Blinky从升起（Rise）状态开始生命，此时它位于迷宫中央，在这个状态下，幽灵（Ghost）会得到另一个身体（如果它还没有身体的话），然后退出中央盒子，这样会触发有限状态机转换到它的主状态——追逐玩家（Chase Player）。

（2）Red Ghost Blinky将保持在追逐（Chase Player）状态，除非玩家死亡或玩家吃了一个能量球。如果玩家死亡，Red Ghost Blinky将转换到随机移动（Move Randomly）状态。如果玩家吃了一个能量球，它将转换到Run From Player状态，这将导致Red Ghost Blinky的逃跑。

（3）当Red Ghost Blinky处于逃跑状态时，如果玩家的能量球用尽，它会回来继续追逐玩家；如果被玩家吃掉，它便转换到死亡（Die）状态。

（4）在随机移动状态下，如果玩家复活，它会重新进入到追逐玩家状态。

（5）在死亡状态下，它会变为一幅眼珠子，回到迷宫中央。一旦进入中央，它便又转换到升起状态，一切重新开始。

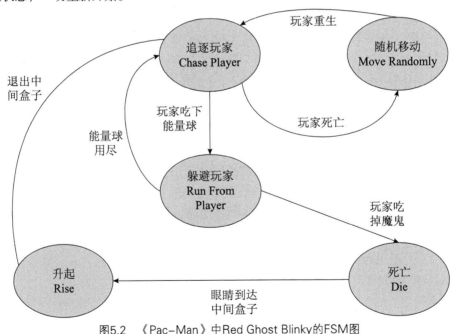

图5.2 《Pac-Man》中Red Ghost Blinky的FSM图

5.1.2 《Quake II（雷神2）》中Monster怪兽的有限状态机

图5.3是《Quake II》的游戏截图。

图5.3 《Quake II》游戏截图

图5.4是《Quake II》中Monster怪兽的一个的FSM框图，它表示了如下的行为逻辑。

（1）开始的时候，Monster处于空闲（Idle）状态，它只是在附近走动。每一帧，它都会检查视线范围内是否存在敌人，如果有，转换到攻击（Attack）状态；如果被击中，转换到死亡状态。

（2）当Monster处于攻击状态时，它追逐敌人，向敌人开火。如果被击中，转换为死亡状态；如果此时失去目标，转换到寻找（Search）状态；如果目标距离很近，进入格斗（Melee）状态；如果敌人开火，进入躲避（Dodge）状态。

（3）当Monster处于寻找状态时，如果看到敌人，则转换为攻击状态，如果过了一定时间还没有找到敌人，重新进入空闲状态。

（4）当Monster处于躲避状态时，如果敌人距离很近，则进入格斗状态。

（5）在格斗状态下，如果被击中，转换到死亡状态。

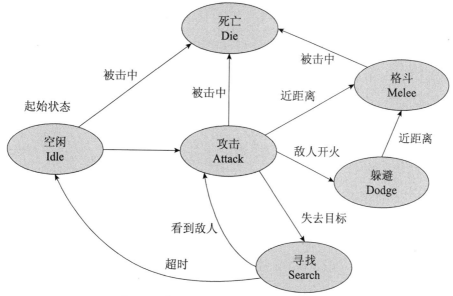

图5.4 《Quake II》中Monster的FSM图

从前面的介绍可以看出，有限状态机是一个有着有限数目状态的机器，其中的一个状态是当前状态。有限状态机可以接受输入，这会导致一个基于某些状态转移函数的、从当前状态到输出状态的状态变迁，然后输出状态就成为了新的当前状态。因此，可以根据FSM图，建立一个状态转移矩阵，如表5.1所示。

表5.1 怪兽的状态转移矩阵

当前状态	输入	输出状态
空闲Idle	看到玩家	攻击Attack
空闲Idle	被攻击	死亡Die
攻击Attack	被攻击	死亡Die
攻击Attack	失去目标	寻找Search
攻击Attack	敌人开火	躲避Dodge
攻击Attack	近距离	格斗Melee
寻找Search	看到敌人	攻击Attack
寻找Search	超时	空闲Idle
躲避Dodge	近距离	格斗Melee
格斗Melee	被击中	死亡Die

依赖于怪物的当前状态和有限状态机的输入，怪物将会改变状态，执行基于怪物状态的游戏代码，将引起怪物的不同行为。

显然，可以引入更多的状态和输入，增加更多的状态转移，这就是利用有限状态机来创建AI角色行为逻辑的方式。

一种较为简单的实现的伪代码可以是这样的：

```
using UnityEngine;
using System.Collections;

public class Monster : MonoBehaviour
{
    public enum State
    {
        Idle,
        Attack,
        Melee,
        Dodge,
        Search,
        Die,
    }
    private State currentState;
```

```
void Start()
{
    currentState = State.Idle;
    ......
}

void Update()
{
    if (currentState == State.Idle)
    {
        MoveRandom();
    }
    else if (currentState == State.Attack)
    {
        Chase();
        Shoot();
    }
    else if (currentState == State.Melee)
    {
        Melee();
    }
    else if (currentState == State.Dodge)
    {
        Dodge();
    }
    else if (currentState == State.Search)
    {
        FindEnemy();
    }
    else if (currentState == State.Die)
    {
        Die();
    }
}

void TriggerHandler()
{
```

```
   if (shot)
      currentState = State.Die;
   else if (seeEnemy)
   {
      if ((currentState == State.Idle) || (currentState == State.Search))
         currentState == State.Attack;
   }
   ......
}
}
```

也可以采用另一种很容易理解的实现方式，利用了比较熟悉的switch…case…语句：

```
switch (currentState)
{
   case State.Idle:
      if (shot)
         currentState = State.Die;
      else if (seeEnemy)
         currentState == State.Attack;
      else
         Idle();

   case State.Attack:
      if (near)
         currentState = State.Melee;
      else if (enemyFire)
         currentState = State.Dodge;
      else if (lostSightofEnemy)
         currentState = State.Search;
      else if (shot)
         currentState = State.Die;
      else
         Attack();

   ......
}
```

5.2 方法1：用Switch语句实现有限状态机

接下来的两节，通过一个例子，介绍在Unity3D中有限状态机的两种实现方法。一种是常规的Switch…case…实现方法，另一种是利用通用的框架来实现有限状态机。

在Unity3D中，如何编写状态机呢？先来看一个例子，这个例子中，有一个AI角色，它的行为逻辑如下：

（1）初始状态是巡逻状态（Patrol），此时，它会选择事先指定的路点进行巡逻，如果发现玩家，它会进入进入追逐（Chase）状态。

（2）在追逐状态下，AI角色判断玩家是否处于攻击范围内，如果是，进入进攻状态（Attack），发射子弹；如果玩家较远，继续追逐玩家。

（3）在进攻状态下，如果玩家离开攻击范围，再次追逐；如果玩家很远，重新回到巡逻状态。

（4）无论处于前3种状态中的哪一种，只要生命值减少到0，那么进入死亡（Dead）状态。

根据这个AI角色行为逻辑画出的FSM图如图5.5所示。

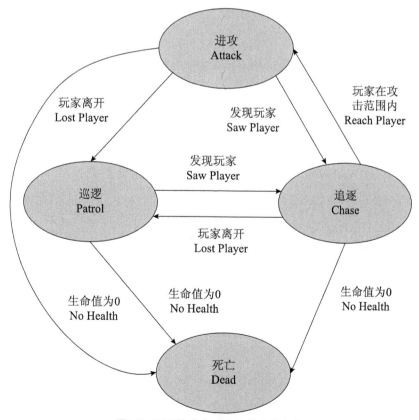

图5.5 FPS游戏中一个简单的状态机

读者可以模仿表5.1填写表5.2的状态转移矩阵。

表5.2　AI角色状态转换矩阵

当前状态	输入	输出状态
进攻Attack	玩家离开Lost Player	巡逻Patrol
进攻Attack	……	死亡Dead
进攻Attack	……	追逐Chase
巡逻Patrol	……	……
巡逻Patrol	……	……
追逐Chase	……	……
追逐Chase	……	……
追逐Chase	……	……

5.2.1　游戏场景设置

步骤1：新建一个场景，添加灯光，创建一个平面作为地面，供AI角色和玩家行走，单击【Edit】→【Project Settings】→【Tags and Layers】，添加新的Player、PatrolPoints、Bullet、Enemy AI标签。

步骤2：创建巡逻时用到的路点。首先创建一个空物体PatrolPoints，然后创建4个小立方体，作为它的子物体。去掉这些小正方体的Box Collider，将它们拖到场景中的适当位置，并为它们加上标签PatrolPoints，如图5.6所示。当在AI角色的脚本中查找路点时，需要用到这个标签。

可以看到，目前场景中是用4个小立方体作为路点，加上了Cube（Mesh Filter）和Mesh Renderer。这只是为了更好地进行观察，实际使用时，巡逻点应该是不可见的，因此只需要Transform组件，其他可以删除。

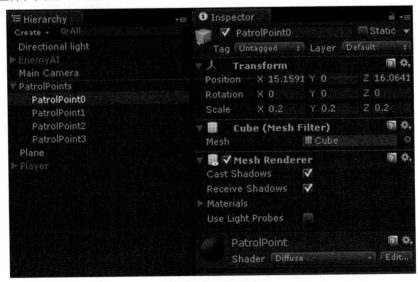

图5.6　添加巡逻点

5.2.2 创建子弹预置体

创建Bullet prefab。首先单击【GameObject】→【Create Other】→【Plane】，在场景中创建一个平面，调整到合适的大小，将Tag选择为Bullet，加上Rigidbody，添加材质fire4，利用Particles/Additive着色器进行渲染，然后为它加上一个Bullet脚本，如图5.7所示。

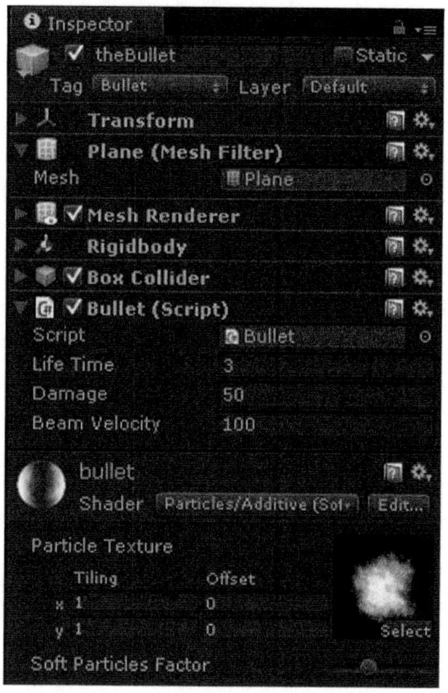

图5.7 子弹的Inspector面板

代码清单5-1　Bullet.cs

```
using UnityEngine;
using System.Collections;

public class Bullet : MonoBehaviour
{
    //子弹的生命期;
    public float LifeTime = 3.0f;
    //如果被子弹击中，减少的生命值;
    public int damage = 50;
    //子弹出枪膛的速度;
    public float beamVelocity = 100;

    public void Go ()
    {
        //子弹是一个刚体，发射时，我们为它加上一个速度突变;
        rigidbody.AddForce (transform.forward * 10, ForceMode.VelocityChange);
    }

    void FixedUpdate ()
    {
        //子弹飞行过程中，速度如何变化;
        rigidbody.AddForce (transform.forward * beamVelocity, ForceMode.Acceleration);
    }

    void Start ()
    {
```

```
    //一定时间后，销毁这个对象；
        Destroy(gameObject, LifeTime);
    }

    void OnCollisionEnter(Collision collision)
    {
    //如果子弹与其他物体碰撞，那么销毁它；
        Destroy(gameObject);
    }
}
```

5.2.3 创建敌人AI角色

创建敌人AI角色。将AI角色模型拖入场景中，名字为"EnemyAI"，放置到合适的位置，为它加上Character Controller组件，设置好参数，然后，为它加上Simple FSM脚本，设置好相应的参数，如图5.8所示。

SimpleFSM.cs脚本实现了之前定义的状态机，它是FSM类的派生类。

图5.8 敌人的Inspector面板

接下来，利用Switch语句，实现图5.5中的状态机。

首先，设计一个抽象类，定义AI需要实现的方法。

其次，由于所有的AI角色都需要知道玩家的位置，它们的下一个路点，可选择的路点列表等，所以将这些变量放在这个脚本中。它的子类还需要实现3个方法：Initialize，FSMUpdate，FSMFixedUpdate。

代码清单5-2　FSM.cs

```
using UnityEngine;
using System.Collections;
```

```csharp
public class FSM : MonoBehaviour
{
    //玩家的Transform组件;
    protected Transform playerTransform;

    //下一个巡逻点或玩家的位置, 取决于当前的状态;
    protected Vector3 destPos;

    //巡逻点的数组;
    protected GameObject[] pointList;

    //子弹射击速率;
    protected float shootRate;
    //距离上一次射击的时间;
    protected float elapsedTime;

    protected virtual void Initialize() {}
    protected virtual void FSMUpdate() {}
    protected virtual void FSMFixedUpdate() {}

    void Start()
    {
        //用于FSM初始化;
        Initialize();
    }

    void Update()
    {
        //每帧更新FSM;
        FSMUpdate();
    }

    void FixedUpdate()
    {
        //以固定的时间周期更新FSM;
        FSMFixedUpdate();
    }
}
```

代码清单5-3　SimpleFSM.cs

```csharp
using UnityEngine;
using System.Collections;

public class SimpleFSM : FSM
{
    //枚举，定义状态机的四种状态，巡逻，追逐，攻击，死亡；
    public enum FSMState
    {
        Patrol,
        Chase,
        Attack,
        Dead,
    }

    //定义开始追逐玩家的距离；
    public float chaseDistance = 40.0f;
    //定义开始攻击玩家的距离；
    public float attackDistance = 20.0f;
    //距离巡逻点小于这个值时，认为已经到达巡逻点；
    public float arriveDistance = 3.0f;

    //子弹的生成点；
    public Transform bulletSpawnPoint;

    private CharacterController controller;
    private Animation animComponent;

    //AI角色的当前状态；
    public FSMState curState;

    //AI角色的速度；
    public float walkSpeed = 80.0f;
    public float runSpeed = 160.0f;

    //AI角色的转向速度；
    public float curRotSpeed = 6.0f;
```

```csharp
//子弹预置体;
public GameObject Bullet;

//AI角色是否死亡;
private bool bDead;
//AI角色的生命值;
private int health;

//初始化FSM
protected override void Initialize()
{
    //设置FSM的当前状态为巡逻状态;
    curState = FSMState.Patrol;

    bDead = false;
    elapsedTime = 0.0f;
    shootRate = 3.0f;
    health = 100;

    //获取巡逻点的集合;
    pointList = GameObject.FindGameObjectsWithTag("PatrolPoint");

    //获得角色控制器和动画组件;
    controller = GetComponent<CharacterController>();
    animComponent = GetComponent<Animation>();

    //随机选择一个巡逻点;
    FindNextPoint();

    //找到玩家,并保存玩家的Transform组件;
    GameObject objPlayer = GameObject.FindGameObjectWithTag("Player");
    playerTransform = objPlayer.transform;

    if (!playerTransform)
        print("Player doesn't exist, please add one player with Tag 'Player'");

}
```

```csharp
protected override void FSMUpdate()
{
    //判断当前状态，调用相应的函数进行状态更新；
    switch (curState)
    {
    case FSMState.Patrol:
        UpdatePatrolState();
        break;
    case FSMState.Chase:
        UpdateChaseState();
        break;
    case FSMState.Attack:
        UpdateAttackState();
        break;
    case FSMState.Dead:
        UpdateDeadState();
        break;
    }

    elapsedTime += Time.deltaTime;

    //如果生命值小于等于0，那么设置当前状态为死亡。
    if (health <= 0)
        curState = FSMState.Dead;
}

//更新巡逻状态；
protected void UpdatePatrolState()
{
    //如果已到达当前巡逻点，那么寻找下一个巡逻点；
    if (Vector3.Distance(transform.position, destPos) <= arriveDistance)
    {
        print ("Reached to the destination point, calculating the next point");
        FindNextPoint();
    }
    //检查与玩家的距离，如果距离较近，那么转换到追逐状态；
```

```csharp
        else if (Vector3.Distance(transform.position, playerTransform.
        position) <= chaseDistance)
        {
            print("Switch to chase state");
            curState = FSMState.Chase;
        }

        //向目标点转向;
        Quaternion targetRotation = Quaternion.LookRotation(destPos -
        transform.position);
        transform.rotation = Quaternion.Slerp(transform.rotation,
        targetRotation, Time.deltaTime*curRotSpeed);

        //向前移动;
        controller.SimpleMove(transform.forward * Time.deltaTime *
        walkSpeed);

        //播放行走动画;
        animComponent.CrossFade("Walk");

    }

    //更新追逐状态;
    protected void UpdateChaseState()
    {
        //将目标位置设置为玩家的位置;
        destPos = playerTransform.position;

        //检查与玩家的距离,如果在攻击范围内,转换到攻击状态;
        //如果玩家离开,那么回到巡逻状态;
        float dist = Vector3.Distance(transform.position, playerTransform.
        position);
        if (dist <= attackDistance)
        {
            curState = FSMState.Attack;
        }
        else if (dist >= chaseDistance)
```

```csharp
        {
            curState = FSMState.Patrol;
        }

        //向目标点转向;
        Quaternion targetRotation = Quaternion.LookRotation(destPos - transform.position);
        transform.rotation = Quaternion.Slerp(transform.rotation, targetRotation, Time.deltaTime*curRotSpeed);

        //向前移动;
        controller.SimpleMove(transform.forward * Time.deltaTime * runSpeed);
        //播放奔跑动画;
        animComponent.CrossFade("Run");
    }

    //更新攻击状态;
    protected void UpdateAttackState()
    {
        Quaternion targetRotation;

        //设置目标点为玩家位置;
        destPos = playerTransform.position;

        //检查与玩家的距离;
        float dist = Vector3.Distance(transform.position, playerTransform.position);

        //如果与玩家距离在攻击距离与追逐距离之间, 转换到追逐状态;
        if (dist >= attackDistance && dist < chaseDistance)
        {
            curState = FSMState.Chase;
            return;
        }
        //如果玩家离开, 回到巡逻状态;
        else if (dist >= chaseDistance)
```

```csharp
        {
            curState = FSMState.Patrol;
            return;
        }

        //转向目标点;
        targetRotation = Quaternion.LookRotation(destPos - transform.position);
        transform.rotation = Quaternion.Slerp(transform.rotation, targetRotation, Time.deltaTime*curRotSpeed);

        //发射子弹;
        ShootBullet();

        //播放射击动画;
        animComponent.CrossFade("StandingFire");
    }


    private void ShootBullet()
    {
        //判断距离上次发射子弹的时间是否大于子弹发射速率,如果大于,可以再次发射;
        if (elapsedTime >= shootRate)
        {
            GameObject bulletObj = Instantiate(Bullet, bulletSpawnPoint.transform.position, transform.rotation) as GameObject;
            bulletObj.GetComponent<Bullet>().Go();
            elapsedTime = 0.0f;
        }
    }


    protected void UpdateDeadState()
    {
        //如果bDead还是false,那么将它置为true,并且播放死亡动画;
        if (!bDead)
        {
```

```csharp
            bDead = true;
        }
    }

    //当AI角色与子弹发生碰撞时，减少生命值；
    void onCollisionEnter(Collision collision)
    {
        if (collision.gameObject.tag == "Bullet")
        {
            health -= collision.gameObject.GetComponent<Bullet>().damage;
        }
    }

    //寻找下一个巡逻点，随机的从巡逻点数组中选择一个；
    protected void FindNextPoint()
    {
        print ("Finding next point");
        int rndIndex = Random.Range(0, pointList.Length);
        destPos = pointList[rndIndex].transform.position ;
    }
}
```

5.2.4 创建玩家角色及运行程序

创建玩家角色。将带有动画的玩家模型拖入场景中，添加Character Controller，将Tag选择为Player，添加PlayerController脚本并设置相应的参数。

代码清单5-4 PlayerController.cs

```csharp
using UnityEngine;
using System.Collections;

public class PlayerController : MonoBehaviour {

    private Animation anim;
    private CharacterController controller;
    private Transform _t;

    private float input_x;
    private float input_y;
```

```
public float antiBunny = 0.75f;
private Vector3 _velocity = Vector3.zero;
private float _speed = 1;
public float gravity = 20;

private float rotateAngle;
private float targetAngle = 0;
private float currentAngle;
private float yVelocity = 0.0F;


void Start()
{
    controller = GetComponent<CharacterController>();
    anim = GetComponent<Animation>();
    _t = transform;

    currentAngle = targetAngle = HorizontalAngle(transform.forward);
}

void Update()
{
    rotateAngle = Input.GetAxis("Rotate") * Time.deltaTime * 50;
    targetAngle += rotateAngle;

    currentAngle = Mathf.SmoothDampAngle(currentAngle, targetAngle,
    ref yVelocity, 0.3f);
    transform.rotation = Quaternion.Euler(0,currentAngle,0);

    float input_modifier = (input_x != 0.0f && input_y != 0.0f) ?
    0.7071f : 1.0f;

    input_x = Input.GetAxis("Horizontal");
    input_y = Input.GetAxis("Vertical");

    _velocity = new Vector3(input_x * input_modifier, -antiBunny,
    input_y * input_modifier);
```

```csharp
        _velocity = _t.TransformDirection(_velocity) * _speed;

        _velocity.y -= gravity * Time.deltaTime;
        controller.Move(_velocity * Time.deltaTime);

        if ((input_y > 0.01f) || (rotateAngle > 0.01f) || (rotateAngle < -0.01f))
            anim.CrossFade("Walk");
        else if (input_y < -0.01f)
            anim.CrossFade("WalkBackwards");
        else if (input_x > 0.01f)
            anim.CrossFade("StrafeWalkRight");
        else if (input_x < -0.01f)
            anim.CrossFade("StrafeWalkLeft");
        else if (Input.GetButton("Fire1"))
        {
            anim.CrossFade("StandingFire");
        }
        else
            anim.CrossFade("Idle");

    }

    private float HorizontalAngle(Vector3 direction)
    {
        float num = Mathf.Atan2(direction.x, direction.z) * 57.29578f;
        if (num < 0f)
        {
            num += 360f;
        }
        return num;
    }
}
```

然后，就可以运行场景了。图5.9所示为敌人正在巡逻，图5.10所示为发现玩家，并向玩家跑来时的场景。

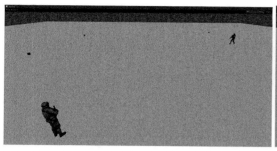
图5.9 敌人正在巡逻

图5.10 敌人发现玩家,向玩家跑来

5.3 方法2:用FSM框架实现通用的有限状态机

本节介绍一个通用的FSM框架,它会帮助用户改进游戏中复杂的人工智能决策过程。这个框架可以在unitycommunity.com上找到,地址是http://wiki.unity3d.com/index.php?title=Finite_State_Machine。

5.3.1 FSM框架

回到5.2节中的例子,其FSM图参见图5.5。

根据图5.5中所示,可以建立类似表5.1的状态转移矩阵,这里有4种状态,分别是巡逻、追逐、进攻、死亡,输入也有4种,分别是发现玩家、生命值为0、玩家在攻击范围内、玩家离开。因此其状态转移矩阵如表5.3所示。

表5.3 图5.5中状态机对应的状态转移矩阵

当前状态	输入	输出状态
巡逻(Patrol)	发现玩家(Saw Player)	追逐(Chase)
	生命值为0(No Health)	死亡(Dead)
追逐(Chase)	玩家在攻击范围内(Reach Player)	进攻(Attack)
	玩家离开(Lost Player)	巡逻(Patrol)
	生命值为0(No Health)	死亡(Dead)
进攻(Attack)	与玩家距离超出攻击范围(Saw Player)	追逐(Chase)
	玩家离开(Lost Player)	巡逻(Patrol)
	生命值为0(No Health)	死亡(Dead)
死亡(Dead)		

在框架实现方式中,表5.3中的每一个"当前状态"都对应着一个状态类。例如,"巡逻"状态对应着PatrolState类,"追逐"状态对应着ChaseState类等。这些状态类具有相同的基

类——FSMState类。

每个状态类都拥有自己的"字典",其中存储着当前状态所拥有的"转换—新状态"对,表明在这个状态(即这个类所代表的状态)下,如果发生某个"转换"事件(即上表中的"输入"),有限状态机将会转移到何种新状态。

例如,在PatrolState类中,字典中会有一个"SawPlayer—Chase"的项,表明在巡逻状态(PatrolState)下,如果看到玩家(SawPlayer),那么转换到追逐状态(ChaseState)。

因此,可以把"输入"(或"转换")看作是字典的关键字,而转移得到的新状态可以认为是根据关键字查询字典时所得到的结果。

对于PatrolState类,字典如表5.4所示。

表5.4　PatrolState类的字典

关键字	查询结果(输出状态)
发现玩家(Saw Player)	追逐(Chase)
生命值为0(No Health)	死亡(Dead)

同样,ChaseState和AttackState类的字典分别如表5.5、表5.6所示。

表5.5　ChaseState类拥有的字典

关键字	查询结果(输出状态)
玩家在攻击范围内(Reach Player)	进攻(Attack)
玩家离开(Lost Player)	巡逻(Patrol)
生命值为0(No Health)	死亡(Dead)

表5.6　AttackState类拥有的字典

关键字	查询结果(输出状态)
与玩家距离超出攻击范围(Saw Player)	追逐(Chase)
玩家离开(Lost Player)	巡逻(Patrol)
生命值为0(No Health)	死亡(Dead)

另外,FSM框架中还有一个重要的类——AdvancedFSM类,它负责管理所有这些状态类(如PatrolState、ChaseState等)。

下面就来看看这个框架在Unity3D中的具体实现方式。

5.3.2　FSMState类——AI状态的基类

FSMState类是所有状态类的基类,它的每个派生类都代表了FSM中的某个状态,即,每个FSM状态都是从它派生出来。例如,可以由它派生出PatrolState、ChaseState等,分别表示"巡逻"状态和"追逐"状态等。

状态类中具有添加转换、删除转换的方法,用于管理记录这些转换。

在FSMState类中,包含一个字典对象,称为map,用来存储"转换—状态"对,表明在当前状态(即这个类所代表的状态)下,如果发生某个"转换",FSM将会转移到何种状态。可以通过类中的AddTransition方法和DeleteTransition方法添加或删除"转换—状态"对。

另外，这个类中还包括Reason方法和Act方法。其中，Reason方法用来确定是否需要转换到其他状态，应该发生哪个转换；Act方法定义了在本状态的角色行为，例如移动，动画等。

在给出FSMState类的代码之前，需要知道的是，在AdvanceFSM中定义了两个枚举，分别表示可能的转换和状态，并且分配了相应的编号：

```csharp
//枚举，为可能的转换分配编号；
public enum Transition
{
    SawPlayer = 0,    //看到玩家；
    ReachPlayer,      //接近玩家，即玩家在攻击范围内；
    LostPlayer,       //玩家离开视线；
    NoHealth,         //死亡；
}


//枚举，为可能的状态分配编号ID；
public enum FSMStateID
{
    Patrolling = 0,   //巡逻的状态编号为0；
    Chasing,          //追逐的状态编号为1；
    Attacking,        //攻击的状态编号为2；
    Dead,             //死亡的状态编号为3；
}
```

代码清单5-5　FSMState.cs

```csharp
using UnityEngine;
using System.Collections;
using System.Collections.Generic;

public abstract class FSMState
{
    //字典，字典中的每一项都记录了一个"转换-状态"对的信息；
    protected Dictionary<Transition, FSMStateID> map = new Dictionary<Transition, FSMStateID>();

    //状态编号ID；
    protected FSMStateID stateID;
    public FSMStateID ID { get { return stateID; } }
```

```csharp
//下面是需要用到的，与各状态相关的变量；
//目标点的位置；
protected Vector3 destPos;
//巡逻点的数组，其中存储了巡逻时需要经过的点；
protected Transform[] waypoints;
//转向的速度；
protected float curRotSpeed;
//移动的速度；
protected float curSpeed;
//AI角色与玩家的距离小于这个值时，开始追逐；
protected float chaseDistance = 40.0f;
//AI角色与玩家的距离小于这个值时，开始攻击；
protected float attackDistance = 20.0f;
//在巡逻过程中，如果AI角色与某个巡逻点的距离小于这个值，认为已经到达这个点；
protected float arriveDistance = 3.0f;


//向字典中添加项；每项是一个"转换-状态"对；
public void AddTransition(Transition transition, FSMStateID id)
{
//检查这个转换（可以看作是字典的关键字）是否已经在字典中；
    if (map.ContainsKey(transition))
    {
        //如果已经在字典中，输出信息；
        //这是因为在确定有限状态机中，一个转换只能对应一个新状态；
        Debug.LogWarning("FSMState ERROR: transition is already
        inside the map");
         return;
    }

    //如果不在字典中，那么将这个转换和转换后的状态作为一个新的字典项，
    //加入字典；
    map.Add(transition, id);
    Debug.Log("Added : " + transition + " with ID : " + id);
}


//从字典中删除某一项；
```

```csharp
    public void DeleteTransition(Transition trans)
    {
        // 检查这项是否在字典中，如果在，移除；
        if (map.ContainsKey(trans))
        {
            map.Remove(trans);
            return;
        }

      //如果要删除的项不在字典中，报告错误；
     Debug.LogError("FSMState ERROR: Transition passed was not on this State's List");
    }


//通过查询字典，确定在当前状态下，发生trans转换时，应该转换到的新状态编号；
//并返回这个新状态编号；
 public FSMStateID GetOutputState(Transition trans)
 {
    return map[trans];
 }


//Reason方法用来确定是否需要转换到其他状态，应该发生哪个转换；
public abstract void Reason(Transform player, Transform npc);

//Act方法定义了在本状态的角色行为，例如移动，动画等；
public abstract void Act(Transform player, Transform npc);

//随机的从巡逻点数组中选择一个点，将这个点设置为目标点；
public void FindNextPoint()
 {
    //Debug.Log("Finding next point");
    int rndIndex = Random.Range(0, waypoints.Length);
     //这个变量可以用于在巡逻点上加一些扰动，使得巡逻路线看上去更加随机；
    Vector3 rndPosition = Vector3.zero;
    destPos = waypoints[rndIndex].position + rndPosition;
  }
}
```

5.3.3 AdvancedFSM类——管理所有的状态类

这个类是5.2节中FSM类的派生类，负责管理FSMState的派生类，并且随着当前状态和输入，进行状态更新。需要注意的是，这个类中不能出现Start()、Update()以及FixedUpdate()函数，否则将覆盖基类中的相应函数。

代码清单5-6　AdvancedFSM.cs

```
using UnityEngine;
using System.Collections;
using System.Collections.Generic;

//定义枚举，为可能的转换分配编号；
public enum Transition
{
    SawPlayer = 0,      //看到玩家；
    ReachPlayer,        //接近玩家，即玩家在攻击范围内；
    LostPlayer,         //玩家离开视线；
    NoHealth,           //死亡；
}

//定义枚举，为可能的状态分配编号ID；
public enum FSMStateID
{
    Patrolling = 0,     //巡逻的状态编号为0；
    Chasing,            //追逐的状态编号为1；
    Attacking,          //攻击的状态编号为2；
    Dead,               //死亡的状态编号为3；
}

public class AdvancedFSM : FSM
{
    //FSM中的所有状态（多个FSMState）组成的列表；
    private List<FSMState> fsmStates;

    //当前状态的编号；
    private FSMStateID currentStateID;
    public FSMStateID CurrentStateID { get { return currentStateID; } }
```

```csharp
//当前状态;
private FSMState currentState;
public FSMState CurrentState { get { return currentState; } }

public AdvancedFSM()
{
    //新建一个空的状态列表;
    fsmStates = new List<FSMState>();
}
//向状态列表中加入一个新的状态;
public void AddFSMState(FSMState fsmState)
{
    //检查要加入的新状态是否为空,如果是空,报告错误;
    if (fsmState == null)
    {
        Debug.LogError("FSM ERROR: Null reference is not allowed");
    }

    // First State inserted is also the Initial state
    //    the state the machine is in when the simulation begins
    //如果插入这个状态时,列表还是空的,那么将它加入列表并返回;
    if (fsmStates.Count == 0)
    {
        fsmStates.Add(fsmState);
        currentState = fsmState;
        currentStateID = fsmState.ID;
        return;
    }


    //检查要加入的状态是否已经在列表中,如果是,报告错误并返回;
    foreach (FSMState state in fsmStates)
    {
        if (state.ID == fsmState.ID)
        {
            Debug.LogError("FSM ERROR: Trying to add a state that was already inside the list");
```

```csharp
            return;
        }
    }

    //如果要加入的状态不在列表中，那么将它加入列表；
    fsmStates.Add(fsmState);
}



//从状态列表中删除一个状态；
public void DeleteState(FSMStateID fsmState)
{
    //搜索整个状态列表，如果要删除的状态在列表中，那么将它移除，否则报错。
    foreach (FSMState state in fsmStates)
    {
        if (state.ID == fsmState)
        {
            fsmStates.Remove(state);
            return;
        }
    }
    Debug.LogError("FSM ERROR: The state passed was not on the list. Impossible to delete it");
}



//根据当前状态，和参数中传递的转换，转移到新状态；
public void PerformTransition(Transition trans)
{
    //根据当前的状态类，以trans为参数调用它的GetOutputState方法，
    //确定转移后新状态的编号；
    FSMStateID id = currentState.GetOutputState(trans);

    //将当前状态编号设置为刚刚返回的新状态编号；
    currentStateID = id;
    //根据状态编号查找状态列表，这个查找是通过一个遍历过程视线的；
    //将当前状态设置为查找到的状态；
```

```
            foreach (FSMState state in fsmStates)
            {
                if (state.ID == currentStateID)
                {
                    currentState = state;
                    break;
                }
            }
        }
    }
```

在这种实现中，一个AdvanceFSM类可以管理和使用任意数目的FSMState，如图5.11所示。AdvanceFSM类与FSMState类共同为用户提供了一个通用的FSM框架，它们能够支持多种状态、多种FSM输入以及多种状态转移。

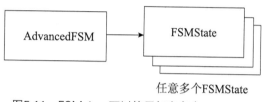

图5.11　FSMclass可以使用任意多个FSMState

5.3.4　PatrolState类——AI角色的巡逻状态

与5.2.3中的示例SimpleFSM不同，在FSM框架中，AI角色的状态分别在不同的类中实现，这些类都是FSMState的派生类，包括AttackState、ChaseState、DeadState和PatrolState，每个类都需要实现Reason和Act方法。

下面的PatrolState实现了巡逻状态类。

代码清单5-7　PatrolState.cs

```
using UnityEngine;
using System.Collections;

public class PatrolState : FSMState
{
    public PatrolState(Transform[] wp)
    {
        //这个构造器首先接受传来的巡逻点transform数组，将它们存储在局部变量中；
        waypoints = wp;
        //设置状态编号；
        stateID = FSMStateID.Patrolling;
```

```csharp
        //设置转向速度与移动速度;
        curRotSpeed = 6.0f;
        curSpeed = 80.0f;
    }

    //这个方法决定是否需要转换状态, 以及发生哪种转换;
    public override void Reason(Transform player, Transform npc)
    {
        //检查AI角色与玩家的距离, 如果小于追逐距离
        if (Vector3.Distance(npc.position, player.position) <= chaseDistance)
        {
            Debug.Log("Switch to Chase State");
            //设置转换为"看到玩家";
            npc.GetComponent<AIController>().SetTransition(Transition.SawPlayer);
        }
    }

    //这个方法定义了在这个状态下AI角色的行为;
    public override void Act(Transform player, Transform npc)
    {
        //如果已经到达当前巡逻点, 那么调用FindNextPoint函数, 选择下一个巡逻点;
        if (Vector3.Distance(npc.position, destPos) <= arriveDistance)
        {
            Debug.Log("Reached to the destination point\ncalculating the
                next point");
            FindNextPoint();
        }

        //转向;
        Quaternion targetRotation = Quaternion.LookRotation(destPos -
            npc.position);
        npc.rotation = Quaternion.Slerp(npc.rotation, targetRotation,
            Time.deltaTime * curRotSpeed);

        //获得角色控制器组件, 控制AI角色向前移动;
        CharacterController controller = npc.GetComponent<CharacterControl
            ler>();
```

```
        controller.SimpleMove(npc.transform.forward * Time.deltaTime *
        curSpeed);

        //播放行走动画;
        Animation animComponent = npc.GetComponent<Animation>();
        animComponent.CrossFade("Walk");
    }
}
```

5.3.5 ChaseState类——AI角色的追逐状态

下面的ChaseState实现了追逐状态类。

代码清单5-8　ChaseState.cs

```
using UnityEngine;
using System.Collections;
public class ChaseState : FSMState
{
    public ChaseState(Transform[] wp)
    {
        //这个构造器首先接受传来的巡逻点transform数组,将它们存储在局部变量中;
        waypoints = wp;
        //设置状态编号;
        stateID = FSMStateID.Chasing;

        //设置转向速度与移动速度;
        curRotSpeed = 6.0f;
        curSpeed = 160.0f;

        //从巡逻点数组中随机选择一个,作为当前目标点;
        FindNextPoint();
    }

    public override void Reason(Transform player, Transform npc)
    {
        //将玩家位置设置为目标点;
        destPos = player.position;
```

```csharp
        //检查与玩家的距离;
        //如果小于攻击距离,那么转换到攻击状态;
        float dist = Vector3.Distance(npc.position, destPos);
        if (dist <= attackDistance)
        {
            Debug.Log("Switch to Attack state");
            npc.GetComponent<AIController>().SetTransition(Transition.
            ReachPlayer);
        }
        //如果与玩家距离超出追逐距离,那么回到巡逻状态;
        else if (dist >= chaseDistance)
        {
            Debug.Log("Switch to Patrol state");
            npc.GetComponent<AIController>().SetTransition(Transition.
            LostPlayer);
        }
    }
    public override void Act(Transform player, Transform npc)
    {
        //将玩家位置设为目标点;
        destPos = player.position;

        //转向目标点;
        Quaternion targetRotation = Quaternion.LookRotation(destPos -
        npc.position);
        npc.rotation = Quaternion.Slerp(npc.rotation, targetRotation,
        Time.deltaTime * curRotSpeed);

        //向前移动;
        CharacterController controller = npc.GetComponent<CharacterControl
        ler>();
        controller.SimpleMove(npc.transform.forward * Time.deltaTime *
        curSpeed);

        //播放奔跑动画;
        Animation animComponent = npc.GetComponent<Animation>();
        animComponent.CrossFade("Run");
    }
}
```

5.3.6 AttackState类——AI角色的攻击状态

下面的AttackState实现了攻击状态类。

代码清单5-9　AttackState.cs

```csharp
using UnityEngine;
using System.Collections;

public class AttackState : FSMState
{
    public AttackState(Transform[] wp)
    {
        //这个构造器首先接受传来的巡逻点transform数组，将它们存储在局部变量中；
        waypoints = wp;
        //设置状态编号；
        stateID = FSMStateID.Attacking;

        //设置转向速度与移动速度；
        curRotSpeed = 12.0f;
        curSpeed = 100.0f;

        //从巡逻点数组中随机选择一个，作为当前目标点；
        FindNextPoint();
    }

    public override void Reason(Transform player, Transform npc)
    {
        //计算与玩家的距离；
        float dist = Vector3.Distance(npc.position, player.position);

        //如果与玩家的距离大于攻击距离而小于追逐距离，那么转到追逐状态；
        if (dist >= attackDistance && dist < chaseDistance)
        {
            Debug.Log("Switch to Chase State");
            npc.GetComponent<AIController>().SetTransition(Transition.SawPlayer);
        }
```

```
        //如果与玩家距离超出追逐距离，那么回到巡逻状态；
        else if (dist >= chaseDistance)
        {
            Debug.Log("Switch to Patrol State");
            npc.GetComponent<AIController>().SetTransition(Transition.
            LostPlayer);
        }
    }

    public override void Act(Transform player, Transform npc)
    {
        //将玩家位置设置为目标点；
        destPos = player.position;

        //转向目标；
        Quaternion targetRotation = Quaternion.LookRotation(destPos -
        npc.position);
        npc.rotation = Quaternion.Slerp(npc.rotation, targetRotation,
        Time.deltaTime * curRotSpeed);

        //发射子弹，播放射击动画；
        npc.GetComponent<AIController>().ShootBullet();
        Animation animComponent = npc.GetComponent<Animation>();
        animComponent.CrossFade("StandingFire");
    }
}
```

5.3.7 DeadState类——AI角色的死亡状态

下面的DeadState实现了死亡状态类。

代码清单5-10　DeadState.cs

```
using UnityEngine;
using System.Collections;

public class DeadState : FSMState
{
```

```
    public DeadState()
    {
        //设置当前状态;
        stateID = FSMStateID.Dead;
    }

    public override void Reason(Transform player, Transform npc)
    {
    }

    public override void Act(Transform player, Transform npc)
    {
        //播放死亡动画;
        Animation animComponent = npc.GetComponent<Animation>();
        animComponent.CrossFade("Death");
    }
}
```

5.3.8 AIController类——创建有限状态机,控制AI角色的行为

这个类是AdvanceFSM的派生类,负责创建有限状态机,通过它来控制AI角色。

代码清单5-11　AIController.cs

```
using UnityEngine;
using System.Collections;

public class AIController : AdvancedFSM
{
    //子弹的游戏对象;
    public GameObject Bullet;
    //子弹的生成点;
    public Transform bulletSpawnPoint;
    //AI角色的生命值;
    private int health;

    //初始化AI角色的FSM,在FSM基类的Start函数中调用;
    protected override void Initialize()
    {
```

```csharp
    //生命值设置为100;
    health = 100;

    elapsedTime = 0.0f;
    //射击速率;
    shootRate = 2.0f;

    //获得敌人(这里就是玩家)的transform组件;
    GameObject objPlayer = GameObject.FindGameObjectWithTag("Player");
    playerTransform = objPlayer.transform;

    //如果无法获得玩家的transform组件,提示错误信息;
    if (!playerTransform)
    print("Player doesn't exist.. Please add one with Tag named 'Player'");

    //调用ConstructFSM函数,开始构造状态机;
    ConstructFSM();
}

//在FSM基类的Update函数中调用;
protected override void FSMUpdate()
{
    //如果有多个事件会影响到生命值,那么可以在这里检查生命值;
    //计算距离上次子弹发射后过去的时间;
    elapsedTime += Time.deltaTime;
}

//在FSM基类的FixedUpdate函数中调用;
protected override void FSMFixedUpdate()
{
    //调用当前状态的Reason方法,确定当前发生的转换;
    CurrentState.Reason(playerTransform, transform);
    //调用当前状态的Act方法,确定角色的行为;
    //注意,如果Reason中检查到满足某个转换条件,就会进行状态转换,
    //因此,在这两个调用之间,CurrentState可能会发生变化;
    CurrentState.Act(playerTransform, transform);
}
```

```csharp
//这个方法在每个状态类的Reason方法中被调用;
public void SetTransition(Transition t)
{
    //调用AdvanceFSM类的PerformTransition方法, 设置新状态;
    PerformTransition(t);
}

//这个函数在初始化Initialize方法中调用, 为AI角色构造FSM。
private void ConstructFSM()
{
    //找到所有标签为"巡逻点"的游戏物体;
    pointList = GameObject.FindGameObjectsWithTag("PatrolPoint");

    Transform[] waypoints = new Transform[pointList.Length];
    int i = 0;

    //将pointList中的每个游戏物体的transform组件加入waypoints数组中;
    foreach (GameObject obj in pointList)
    {
        waypoints[i] = obj.transform;
        i++;
    }

    //构造一个巡逻状态类;
    PatrolState patrol = new PatrolState(waypoints);
    //调用巡逻状态类中的AddTransition函数,
    //将这个状态下可能的两个"转换-状态"对("看到玩家-追逐"和"生命值-死亡")
    //加入到PatrolState类的字典中;
    patrol.AddTransition(Transition.SawPlayer, FSMStateID.Chasing);
    patrol.AddTransition(Transition.NoHealth, FSMStateID.Dead);

    //创建一个追逐状态类;
    ChaseState chase = new ChaseState(waypoints);
    //将这个状态下可能的三个"转换-状态"对加入到ChaseState类的字典中;
    chase.AddTransition(Transition.LostPlayer, FSMStateID.Patrolling);
    chase.AddTransition(Transition.ReachPlayer, FSMStateID.Attacking);
    chase.AddTransition(Transition.NoHealth, FSMStateID.Dead);
```

```csharp
        //创建一个攻击状态类;
        AttackState attack = new AttackState(waypoints);
        //将这个状态下可能的三个"转换-状态"对加入到AttackState类的字典中;
        attack.AddTransition(Transition.LostPlayer, FSMStateID.Patrolling);
        attack.AddTransition(Transition.SawPlayer, FSMStateID.Chasing);
        attack.AddTransition(Transition.NoHealth, FSMStateID.Dead);

        //创建一个死亡状态类;
        DeadState dead = new DeadState();
        //将这个状态下可能的一个"转换-状态"对加入到DeadState类的字典中;
        dead.AddTransition(Transition.NoHealth, FSMStateID.Dead);

        //调用AdvanceFSM类中的AddFSMState函数,
        //将这四个状态类加入到AdvanceFSM类的fsmStates状态列表中;
        AddFSMState(patrol);
        AddFSMState(chase);
        AddFSMState(attack);
        AddFSMState(dead);
    }


    //当AI角色与其他物体碰撞时,调用这个函数。
    void OnCollisionEnter(Collision collision)
    {
        //如果另一个碰撞体是子弹,说明AI角色被子弹击中;
        if (collision.gameObject.tag == "Bullet")
        {
            //减少AI角色的生命值;
            health -= 50;
            //如果生命值小于等于0;
            if (health <= 0)
            {
                Debug.Log("Switch to Dead State");
                //转换为死亡状态;
                SetTransition(Transition.NoHealth);
            }
```

```
        }
    }


    //发射子弹;
    public void ShootBullet()
    {
        //如果距离上次发射子弹的事件大于射击速率,那么可以再次射击;
        if (elapsedTime >= shootRate)
        {
            //在子弹生成位置,实例化一个子弹;
            GameObject bulletObj = Instantiate(Bullet, bulletSpawnPoint.
            transform.position, transform.rotation) as GameObject;
            //调用Bullet脚本(见5.3.1)中的Go函数,子弹向前飞出;
            bulletObj.GetComponent<Bullet>().Go();
            //重置流逝事件为0;
            elapsedTime = 0.0f;
        }
    }
}
```

5.3.9　游戏场景设置

这里的场景设置与5.2节类似,唯一的不同是EnemyAI游戏体不再采用脚本SimpleFSM,而更换为AIController。图5.12为EnemyAI的Inspector面板。

图5.12　EnemyAI的Inspector面板

由于5.2节与5.3节介绍的两种方法都采用了同样一个状态机,只是状态机的实现方法不同,因此运行游戏的结果与5.2节相同,不再赘述。

第6章
AI角色的复杂决策——行为树

要让游戏里的AI角色能执行预设的逻辑，最直接的方法是依照行为逻辑直接编写代码，但是，这种方法工作量大，也很容易出错。我们也可以用有限状态机来实现行为逻辑，但是有限状态机难以模块化，编写代码麻烦且容易出错。相较而言，行为树（Behavior Tree）层次清晰，易于模块化，并且可以利用通用的编辑器简化编程，简洁高效。

在第5章中，处理AI角色的行为逻辑时，有限状态机是一种简单易用的方法。但是，在处理规模较大的问题时，有限状态机很难复用、维护和调试。为了让AI角色的行为能够满足游戏的要求，设计者需要增加很多状态，手工转换大量的编码，非常容易出现错误。

在大型的AAA游戏中，例如《使命召唤：现代战争3》、《战地3》、《光晕》等，其中的AI角色大多具有复杂的行为逻辑。可以想像，如果使用有限状态机编程将要面对图6.1这样的FSM图！

行为树很适合用做AI编辑器，它为设计者提供了丰富的流程控制方法。只要定义好一些条件和动作，策划人员就可以通过简单的拖拽和设置，来实现复杂的游戏AI。下面以一个简单的例子来了解行为树的表示方法。

示例

AI角色需要进入密室盗宝，它就要根据房间门的当前状况来确定自己的行为。如果密室门是开着的，就直接进入；如果密室门是锁着的，就破坏门锁闯入。AI角色的行为逻辑可以这样描述：

密室的门是否处于打开状态？如果打开，那么进入房间；

否则，首先移动到门前；

然后检查门是否没有锁？如果是，打开密室门；

否则，检查门是否上锁，如果是，破坏锁开门；

进入房间。

第6章 AI角色的复杂决策——行为树

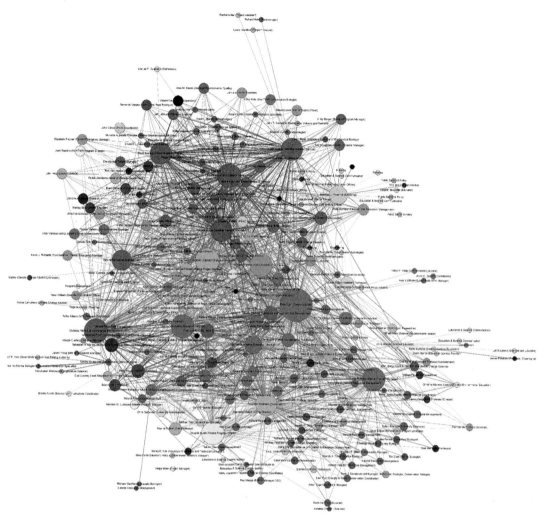

图6.1 大型的FSM图

根据上面的行为逻辑，画出的行为树如图6.2所示。

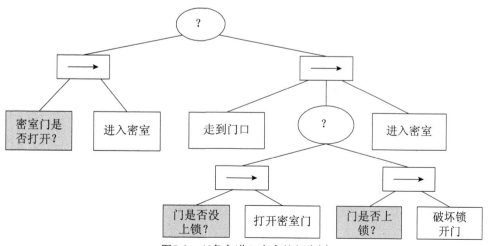

图6.2 AI角色进入密室的行为树

利用这种方法，可以事先编写一个行为树编辑器（Unity3D商店中就有直接可用的行为树插件），然后，在编辑器中把这棵树画出来，最后，只需要写出密室门打开（Door Open）、走到门口（Move）、强行开门（Barge door）等叶节点的代码就可以了。

6.1　行为树技术原理

行为树主要采用4种节点（在行为树中，"节点"也称为"任务"）来描述行为逻辑，分别是顺序节点、选择节点、条件节点和行为节点。每一棵行为树表示一个AI逻辑。要执行这个AI逻辑，需要从根节点开始遍历执行整棵树。遍历执行的过程中，父节点根据自身的类别，确定需要如何执行、执行哪些子节点并继而执行，子节点执行完毕后，会将执行结果返回给父节点。

节点从结构上分为两类：组合节点、叶节点。所谓组合节点就是树的中间节点，例如，上面提到的顺序节点和选择节点都是组合节点；叶节点一般用来放置执行逻辑和条件判断，上面提到的条件节点和行为节点都是叶节点。

实际应用时，可以事先由策划人员设计好行为树的结构，程序员只需实现条件节点和行为节点所定义的具体行为即可，也可以由编程人员预先写好各种不同的条件节点和行为节点的相应代码，供策划人员选用。然后，策划人员可以尝试将这些条件和行为进行不同的组合，画出不同的行为树，从而实现不同的AI逻辑。

6.1.1　行为树基本术语

在行为树中，将AI角色将要执行的行为用"树"来表示。"树"看上去就像一棵倒置的树，它会有一些"分枝"，"分枝"上会有一些"叶子"，它们都可以称为树的"节点"。"叶子"位于树的最底层，每片"叶子"都长在一个节点上，该节点便是这个"叶子"的"父节点"，而这个"父节点"还会有自己的"父节点"。例如，图6.3中节点2是节点3的"父节点"，节点2还是节点4的"父节点"，而节点4又是节点5和节点6的"父节点"，等等。反过来说，节点3和4是节点2的"子节点"，节点5和6是节点4的"子节点"等。

在这棵"树"中，没有父节点的节点称为"根节点"，没有子节点的那些节点称为"叶节点"，其他的都是"中间节点"（也称为"分支节点"）。

在图6.3中，白色、灰色和黑色的圆都代表节点，其中黑色的是根节点，灰色的是中间节点，白色的是叶节点。

以某个节点为根的子树，是指由这个节点和它所有的后裔节点（子节点，子节点的子节点等）组成的树。例如，在图6.3中，以节点2为根的子树包含节点2、3、4、5、6，以节点10为根的子树包含节点10、11、12、13。

一般情况下，树的深度优先访问（也称为遍历，搜索）顺序如图6.3所示，其中节点编号是访问顺序，即首先访问节点1，然后是节点2……最后是节点17。

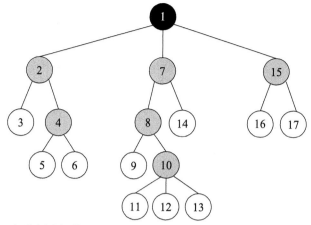

图6.3　行为树的根节点、中间节点和叶节点，编号为深度优先访问顺序

6.1.2　行为树中的叶节点

叶节点包含两种类型的节点，分别是条件节点（Condition）和行为节点（Action）。

1. 条件节点

条件节点（Condition）可以理解为if条件测试，用来测试当前是否满足某些性质或条件，例如："玩家是否在20米之内？"、"是否能看到玩家？"、"我的生命值是否大于50？"、"我剩下的弹药是否足够？"等。

如果条件测试的结果为真，那么向父节点返回success，否则返回failure。

条件节点的符号是一个矩形，里面写着具体的条件，后面要加上一个问号，表明这是一个需要判断的条件节点。在本书中，为了能够更加清晰地区分，条件节点会用浅灰色矩形表示。

图6.4所示的符号表示一个条件节点，它负责测试"能否看到玩家？"，如果能看到，那么向父节点返回success，否则，向父节点返回failure。

图6.4　条件节点

2. 行为节点

行为节点（Action）用来完成实际的工作，例如播放动画、规划路径、让角色移动位置、感知敌人、更换武器、播放声音、增加生命值等。在执行这种节点时，可能只需要一帧就可以完成，也可能需要多帧才能完成。

绝大部分动作节点会返回success。

行为节点的符号是一个矩形，里面记录着具体的行为。例如图6.5所示的符号就表示一个实现"向玩家移动"的行为，这个行为可以在某个函数中实现。

图6.5　行为节点

6.1.3　行为树中的组合节点

条件节点与行为节点都位于树的叶节点，而树的中间节点是由组合（Composite）节点组

成的，组合节点用来控制树的遍历方式，最常用的组合节点有选择节点、顺序节点、并行节点、修饰节点等，下面将逐一介绍。

1. 选择节点

选择节点（Selector）有时也称为优先级Selector节点，它会从左到右依次执行所有子节点，只要子节点返回failure，就继续执行后续子节点，直到有一个节点返回success或running为止，这时它会停止后续子节点的执行，向父节点返回success或running。若所有子节点都返回failure，那么它向父节点返回failure。

图6.6　选择节点

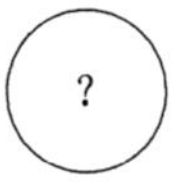

选择节点的符号为一个圆圈，里面带有一个问号，如图6.6所示。

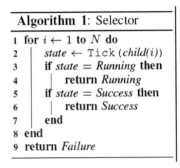

需要注意到的是，当子节点返回running时，选择节点除了会中止后续节点的执行，向父节点返回running以外，它还会“记住”返回running的这个子节点，下个迭代会直接从该节点开始执行。

用伪代码来表示，选择节点的伪代码如图6.7所示。

```
Algorithm 1: Selector
for i ← 1 to N do
    state ← Tick(child(i))
    if state = Running then
        return Running
    if state = Success then
        return Success
    end
end
return Failure
```

图6.7　选择节点的伪代码

从图6.8选择节点的执行图中可以看出，条件节点首先执行子节点A，子节点A返回failure，因此它继续向右执行子节点B，子节点B也返回failure，它便继续执行子节点C，子节点C返回success，这时它终止后续节点（即位于节点C右边的其他子节点）的执行，直接向父节点返回success。

图6.8　选择节点的执行图

子节点返回success很容易理解，可是，什么时候返回running呢？我们知道，有的行为节点对应的代码执行时间较长，例如当行为节点执行的代码中包括播放动画、寻路等行为时，此时，这个行为节点会向父节点返回running，于是Selector便不再执行后续节点，直接向父节点返回running。

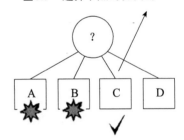

选择节点用来在可能的行为集合中选择第一个成功的。考虑一个试图躲避枪击的AI角色，它可以通过寻找隐蔽点，或离开危险区域，或寻找援助等多种方式实现这个目标。为它设计行为树时，可以利用Selector：首先尝试寻找cover，如果成功，直接返回，如果失败，再试图逃离危险区域，等等。

2. 顺序节点

顺序节点（Sequence），它会从左到右依次执行所有子节点，只要子节点返回success，它就继续执行后续子节点，直到有一个节点返回failure或running为止，这时它会停止后续子节点的执行，向父节点返回failure或running。若所有子节点都返回success，那么它向父节点返回success。

顺序节点的符号是一个矩形，里面带有一个向右的箭头，如图6.9所示。

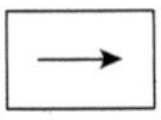

图6.9　顺序节点符号

与选择节点相似，当子节点返回running时，Sequence节点除了中止后续节点的执行，向父节点返回running以外，它还会“记住”返回running的这个子节点，下个迭代会直接从该节点开始执行。

顺序节点的伪代码如图6.10所示。

在图6.11所示的顺序节点的执行图中，顺序节点会依次执行它的子节点，首先执行子节点A，这个节点返回success，因此它继续向右执行子节点B，子节点B也返回success，它继续执行子节点C，而子节点C返回failure，因此，它终止后续子节点（例如D）的执行，直接向父节点返回failure。

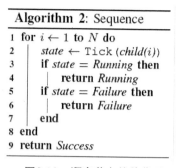

图6.10　顺序节点的伪代码

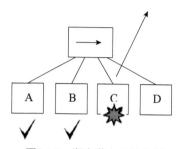

图6.11　顺序节点的执行图

如果某个顺序节点有一个条件子节点，那么假设条件不满足（即条件节点返回failure），则其他子节点不再执行。

顺序节点通常用来表示一系列需要顺序执行的任务。在前面选择节点所述的"躲避枪击"例子中，每个可能的选择（寻找隐蔽点、逃离危险区域）都可以分解为一个行为序列。例如，为了寻找cover，必须首先选择一个cover点，然后移动到那里，然后播放一个到达躲藏的动画。如果这个行为序列中的任何一个行为失败了，那么便返回failure，只有所有行为序列都成功了，Sequence节点才会向父节点返回success。

3. 随机选择节点

事实上，前面提到的"选择节点"是隐含了优先级的，它的最左边的子节点具有最高的优先级，最右边的子节点具有最低的优先级。

而对于随机选择节点（Random Selector），与选择节点不同的是，它不是永远按照从左到右的顺序执行，而是会随机选择访问子节点的顺序。以图6.8为例，随机选择节点不会严格按照A、B、C、D的次序执行，而是每次随机选择执行顺序，例如B、C、A、D或D、B、A、C等。

假设AI角色每天会根据自己的心情选择是呆在家里、工作或是出门游玩，这时，就可以利用随机选择节点，使它每天做出看似随机的选择。

再来考虑一个试图进入房间的AI角色的行为，它可能有多种方式进入房间：从敞开的门进入、打开关闭的门、强行打开门锁、破窗而入，甚至炸毁房间。一般来说，游戏设计者希望首先依次尝试前两种可能，但是后3种就需要某种随机性了，否则，这个AI角色可能永远都会选择"强行打开门锁"，而没有机会做出"破窗而入"或"炸毁房间"的选择。这时，如果采用随机选择节点，就可以让AI角色每次在后3种可能性中随机地选择执行顺序。例如，第一次它可能会首先执行"破窗而入"，当这个行为节点返回success后，便不再尝试执行其他选择，而当它之后再次需要进入某个房间时，可能会首先执行"炸毁房间"，如果这个行为返回success，也不必再尝试其他选择，这样，这个AI角色看上去就聪明得多了。同时，还提高了游戏的不可预测性，使它具有更高的可玩性。

随机选择节点的符号是一个圆圈，里面带有字母"E"，如图6.12所示。

图6.12 随机选择节点符号

4. 修饰节点

修饰节点（Decorator）只包含一个子节点，用于以某种方式改变这个子节点的行为。

图6.13 修饰节点符号

修饰节点通常用一个菱形来表示，里面描述了这个节点的具体功能。例如，图6.13所示的修饰节点实现的功能是：循环执行子节点，直到子节点执行失败为止。

修饰节点有很多种，其中有一些是用于决定是否允许子节点运行的，这种修饰节点有时也称为过滤器，例如Until Success、Until Fail等。Until Success的行为是这样的：循环执行子节点，直到子节点返回success为止。更具体地说，如果子节点返回running，那么它向父节点返回running，如果子节点返回failure，那么它依然向父节点返回running，直到子节点返回success时，它向父节点返回success。Until Fail的行为与Until Success的行为正好相反，它会循环执行子节点，直到子节点返回failure为止。

例如，一个Until Success的子节点是一个条件节点，检测"视线中是否有敌人"，那么在这个修饰节点的作用下，会不停地检测"视线中是否有敌人"，直到发现敌人为止。

Limit节点用于指定某个子节点的最大运行次数。例如：如果子节点的连续运行次数小于3，那么返回子节点的返回值（可能是success或running），如果子节点的连续运行次数大于等于3，那么不再运行，返回failure。假设AI角色正在尝试破门而入，如果尝试次数已经大于3，门还是没有打开，那么不再继续尝试而返回。

Timer节点设置了一个计时器，它不会立即执行子节点，而是等待一段时间，时间到时才开始执行子节点。

TimeLimit节点用于指定某个子节点的最长运行时间。如果子节点的运行时间超出某个预先指定的值，那么取消子节点的运行，向父节点返回failure，否则直接将子节点的返回值传递给父节点。

还有一些修饰节点用于产生某个返回状态，例如，Invert节点实现的功能是对子节点的返回结果取"非"，即如果子节点返回failure，那么它向父节点返回success，如果子节点返回success，那么它向父节点返回failure。

在后面提到的Unity3D的React插件中，包含很多种修饰节点，读者可以自己试着使用和探索。

5. 并行节点

并行节点（Parallel）有多个子节点，与顺序节点不同的是，这些子节点的执行是并行的——不是一次执行一个，而是同时执行，直到其中一个返回failure（或全部返回success）为止。此时，Parallel节点向父节点返回failure（或success），并终止其他所有子节点的执行。

当某个并行节点有一个条件子节点时，一般是持续地检查某个条件是否满足，如果不满足，终止其他子节点的执行。

并行节点的应用很广泛，它与选择节点和顺序节点一起，构成了行为树的骨架。

并行节点的符号是一个矩形，里面有三个箭头，如图6.14所示。

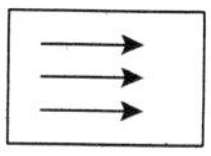

在行为树中，可能有一些行为（由条件节点或行为节点实现）要持续较长的时间，例如，寻找从A到B的路径、让AI角色从A移动到B、播放行走动画等，这些行为都无法在一帧中完成，在这种情况下，节点一般会向父节点返回running状态码。前面提到过，在这种情况下，下一帧再次遍历行为树的时候，会返回到正在running的节点执行。

图6.14 并行节点符号

那么，如果下一帧发生了某种事件，需要打断这些节点的执行，该怎么办呢？例如，AI角色发现了玩家，并且正在走过一条隐蔽的路径，试图悄悄接近玩家，这时，玩家突然跑开或死亡，那么，AI角色显然应该中断当前的行为，重新根据周围环境做出决策，而不是继续沿着原来的路径行走到终点。

来看一个例子，图6.15中用顺序节点来表示当AI角色看见敌人时，向敌人方向移动并准备攻击。但是，由于向敌人移动需要较长的时间，如果在此期间（例如下一帧）敌人变为不可见（例如，由于生命值降低或被其他AI角色击中而倒下，或是移动到不可见的位置），那么显然需要终止原来的移动。而顺序节点无法做到这一点，它会在下一帧回到刚才返回running的节点继续执行，直到这个节点执行完毕，返回failure或success（也可能是error等）。

这时就需要用到并行节点，图6.16中采用了并行节点来实现这个AI逻辑，该节点会不停地检测可视性条件是否满足，一旦失败，就停止移动，返回父节点。这里为了确保条件能够被持续检查，还用到了一个Until Fail（执行直到子节点返回failure）的修饰节点。显然，这时能够达到想要的结果。

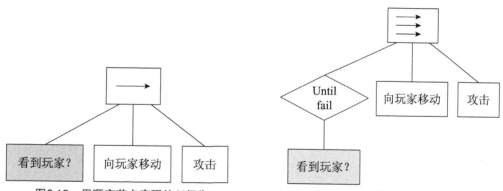

图6.15 用顺序节点实现的AI行为　　　　图6.16 用并行节点实现的AI行为

图6.17是一队突围撤退的士兵的行为树。最高层的选择节点负责决定小队行为。首先选择撤退，如果这个节点返回success，那么选择节点不再执行其他节点，否则它会让小队继续尝试寻找隐蔽工事；如果这个子节点返回success，那么选择节点不再执行其他节点，否则它会执行第3个子节点，就是图6.17中的并行节点（边打边退），这个并行节点会同时执行它的3个顺序子节点：

● 检查机枪手是否有弹药，如果是，机枪手射击；
● 检查士兵2是否有导弹，如果是，检查敌坦克是否在射程内，如果是，发射导弹；
● 检查士兵3是否有手榴弹，如果是，检查敌人是否在20米内，如果是，扔手榴弹。

如果这3个顺序子节点中有一个返回failure，那么并行节点向上层的选择节点返回failure，这时，选择节点需要继续尝试其他选择。

图6.17中 撤退 形状的节点不是叶节点，相反，它表示了一个中间节点，这个中间节点具有一棵以它为根的子树，用来实现更具体的行为。

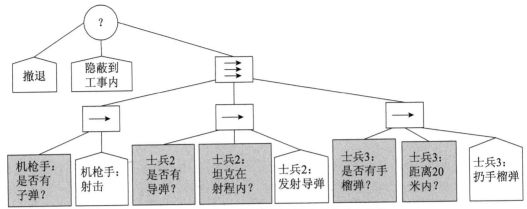

图6.17 利用并行节点控制小队中的多个AI角色

6.1.4 子树的复用

如果游戏中有多个AI角色，需要为它们实现不同的行为树，例如，一个AI角色可能攻击性很强，见到敌人就会发起进攻，而另一个AI角色很懦弱，只有找不到躲藏点，也无法逃跑的情况下，才会与敌人战斗。那么这两个AI角色显然需要不同的行为树，但可能这两个AI角色与敌人战斗的方式都是相同的——例如，如果距离很近，那么肉搏，如果距离较远，那么开枪射击等。这时，为了避免重复工作，就可以复用战斗的子树。

对比图6.18和图6.19中描述的行为树（它们可能是更大行为树中的一部分，即某个行为树的子树），它们虽然是不同的，但是却都有"与敌人战斗"节点，这时，就可以设计一个"与敌人战斗"子树，并且让它们复用这个子树。

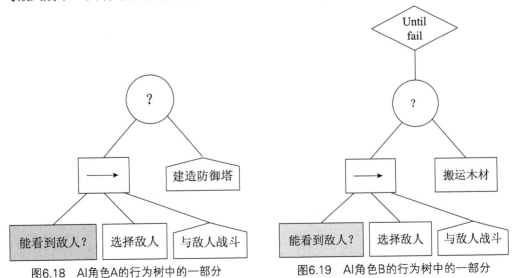

图6.18 AI角色A的行为树中的一部分　　　图6.19 AI角色B的行为树中的一部分

如果场景中有很多AI角色需要用行为树来实现，那么通过这种方式，可以简化大量工作。更棒的是，如果设计需要进行一些扩展，例如增加武器种类或战斗方法，需要改变"与敌人战斗"节点的行为，那么只要改变这个子树，所有复用它的行为树也就都会相应地更新了！

6.1.5 使用行为树与有限状态机的权衡

这些年来，行为树在游戏AI中已经十分常见，但它并不能够完全替代有限状态机，应用的时候应加以权衡，了解它们不同的适用性。

（1）对于状态机来说，每个时刻它都处于某种"状态"中，等待某个事件（转换）的发生。如果事件没有发生，那么继续保持在这个状态；如果事件发生，那么转换到其他状态。因此，状态机本质上是"事件驱动"的，即周围游戏世界发生的"事件"驱动角色的"状态"变化。从实现上来看，状态机既可以采用轮询的方式实现（每帧主动查询是否发生了某种事件），也可以采用事件驱动的方式实现（例如，注册一个回调函数，每当事件发生时，调用这个函数，在其中改变状态机的状态，或是利用消息，当事件发生时，发送消息）。

（2）对于行为树，处理周围游戏世界的变化的任务是由条件节点来完成的，这相当于每次遍历行为树时，条件节点都向周围世界发出某种"询问"，以这种方式来监视游戏世界发生的事情。因此，这实际上是"轮询"的方式——不断地主动查询。虽然目前已经有了一些高级的技术，能够将事件驱动集成在行为树中，但在实现中，绝大多数行为树是自顶向下，采用轮询的方式实现的。

（3）一般来说，行为树不太适合表示需要事件驱动的行为。例如，AI角色需要对大量外部事件做出反应——当AI角色正在向某个目标移动时，突然发生了某个事件，如同伴需要救援、玩家被击中等事件，需要立即终止这个移动过程，重新做出新的决策等。前面介绍并行节点时，已经看到过这类例子。如果将并行节点与修饰节点相结合，是能够处理这种情况的，而且这也是并行节点的主要应用场合之一。不过，在遇到这种情形的时候，还是应该在状态机或行为树之间好好做一下权衡。

6.1.6 行为树执行时的协同（Coroutine）

在Unity3D的行为树的执行时，在下述条件下可以开启协同程序（Coroutine），即在主程序运行同时开启另一段逻辑处理，以控制代码在特定的时机执行。

（1）实现延时（等待）程序；
（2）当某一个叶节点执行时间过长（如播放长时间动画），此时还有其他行为需要执行；
（3）等某个操作完成之后顺次执行后面的代码。

在Unity3D中，使用MonoBehaviour.StartCoroutine方法即可开启一个协同程序，该方法必须在MonoBehaviour或继承于MonoBehaviour的类中调用。与Update函数一样，也是在MainThread中执行的。使用StopCoroutine（string methodName）来终止一个协同程序，使用StopAllCoroutines()来终止所有可以终止的协同程序。但这两种方法都只能终止该MonoBehaviour

中的协同程序。

协同程序遇到条件（yield return 语句）会挂起，直到条件满足才会被唤醒继续执行后面的代码。

在Unity3D中，对协同的理解十分重要，下面用一个简单的例子进行说明。首先建立一个空的GameObject，然后为它编写一个脚本，脚本内容如下：

```
using UnityEngine;
using System.Collections;

public class theCoroutine : MonoBehaviour {

    void Start () {
        StartCoroutine("Do");
        print ("return immediately:"+Time.time);
    }

    IEnumerator Do()
    {
        print ("Do now:"+Time.time);
        yield return new WaitForSeconds(2);
        print ("Do 2 seconds later:"+Time.time);
    }

}
```

观察测试台的输出如图6.20所示。

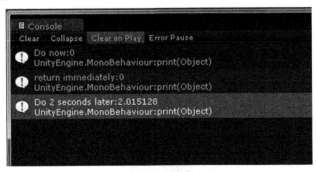

图6.20 输出

修改脚本：

```
using UnityEngine;
using System.Collections;
```

```
public class theCoroutine : MonoBehaviour {

    IEnumerator Start()
    {
        yield return StartCoroutine("Do");
        print("still return immediately this time?:"+Time.time);
    }

    IEnumerator Do()
    {
        print("Do now:"+Time.time);
        yield return new WaitForSeconds(2);
        print("Do 2 seconds later:"+Time.time);
    }
}
```

再次观察输出，如图6.21所示。

图6.21 输出

为什么两次的输出结果会不一样呢？

因为第一个例子中，在调用"StartCoroutine（"Do"）"后函数立即返回，因此立刻输出return immediately: 0，但此时Do例程只是暂时停止，每帧依然检查yield的条件是否成立，因此，在两秒之后，条件成立，接下来执行"print（"Do 2 seconds later:"+Time.time）"时，在控制台上输出"Do 2 seconds later: 2.015128"。

在第二个例子中，调用方式有了改变，"yield return StartCoroutine（"Do"）;"此时，Start例程在这里暂时停止，而Do例程等待两秒后输出"Do 2 seconds later: 2.007239"，之后Do例程终止，此时Start例程的yield条件满足，接下来继续执行"still return immediately this time? 2.007239."。

使用协同技术，可以做出较长时间的延时程序，而此时，行为树仍在有条不紊的在执行预定的程序。

6.2 行为树设计示例

本节通过几个行为树设计示例让读者熟悉这种设计方法。

6.2.1 示例1：有限状态机/行为树的转换

下面，通过一个实际的例子，来看看行为树是如何设计出来的。

还是采用5.2节中的例子，此时有一个AI角色，它的行为如下：

初始状态是巡逻状态（Patrol），此时，它会选择事先指定的路点进行巡逻，如果发现玩家，它会进入追逐状态（Chase）；

在追逐状态下，AI角色判断玩家是否处于攻击范围内，如果是，进攻状态（Attack），发射子弹；如果玩家较远，继续追逐玩家；

在进攻状态下，如果敌人离开攻击范围，再次追逐，如果敌人很远，重新回到巡逻状态。

在第5章中，为AI角色所设计的有限状态机包括3种状态："巡逻"、"追逐"和"进攻"，以及3种转换："看到玩家？"、"玩家离开视线或被杀死？"、"是否距离玩家足够近、可以开始攻击？"。

下面，试着用行为树来实现这个AI角色的行为逻辑。

1. AI角色行为分析

首先，通过去除"状态"和"转换"的耦合，将它们都表示成某些"条件"或"行为"。这样，就得到了如图6.22所示的6项。这6项是需要叶节点实现的。其中，3种转换需要利用"条件节点"实现，3种状态可以利用"行为节点"实现。

将分解后的6项根据AI逻辑组织起来，就得到了图6.23中的行为树。

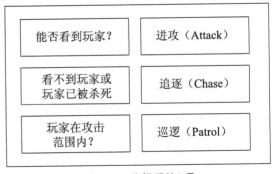

图6.22　分解后的6项

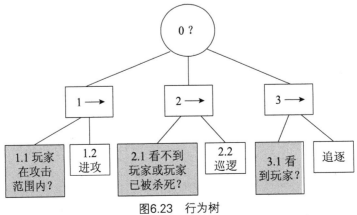

图6.23　行为树

2. 行为树的执行逻辑

在这个行为树中,最上层的选择节点0会首先执行第一个顺序子节点1,顺序子节点1首先执行它的第一个子节点1.1——"玩家在攻击范围内？"。这是一个条件测试,如果这个测试向顺序节点1返回success(说明玩家在攻击范围内),那么顺序节点1会继续执行它的下一个子节点1.2——进攻；如果这个节点也返回success,那么,顺序节点1向上层的选择节点0返回success,这时,选择节点0无需再执行后续的顺序子节点,直接返回success。

如果节点1.1中"玩家在攻击范围内？"的条件测试返回failure(表示玩家比较远,不在攻击范围内),那么节点1.1向节点1返回failure,顺序节点1不会再继续执行进攻节点1.2,而直接向上层的选择节点0返回failure。这时,选择节点0会执行下一个顺序子节点2,这个顺序子节点会首先执行它的第一个子节点2.1——"看不到玩家或玩家已被杀死？"这也是一个条件测试,如果测试结果为success,那么这个节点向上层的顺序节点2返回success,顺序节点2继续执行下一个子节点2.2——巡逻。如果子节点2.1的条件测试返回failure,那么这个节点向上层的顺序节点2返回failure,顺序节点2不再执行Patrol子节点2.2,而直接向选择节点0返回failure,选择节点0会继续尝试执行下一个顺序子节点3(也是它的最后一个顺序子节点)。

6.2.2 示例2：带随机节点的战斗AI角色行为树

图6.24中的行为树是为一个战斗游戏中的AI角色设计的。

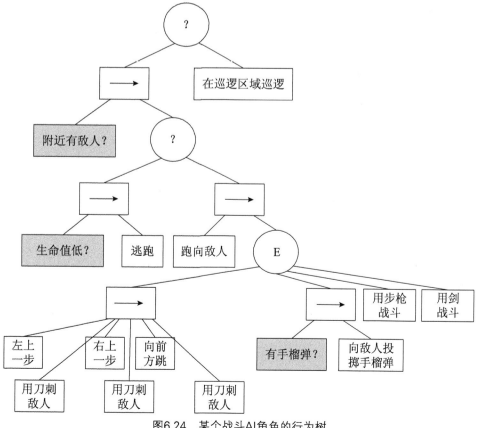

图6.24 某个战斗AI角色的行为树

该AI角色的逻辑是这样的：

```
1．和敌人战斗（顺序节点）；
  1-1附近是否有敌人？
  1-2战斗或逃跑（选择节点）；
    1-2-1如果生命值小于某个值，那么逃跑；
    1-2-2否则，尝试战斗（顺序节点）；
      1-2-2-1跑向敌人；
      1-2-2-2随机选择某种战斗方式（随机选择节点）；
        a）用刀和敌人战斗；
        b）如果有手榴弹，扔出手榴弹；
        c）用步枪和敌人战斗；
        d）用剑和敌人战斗；
2．在巡逻区域巡逻。
```

6.2.3 示例3：足球球员的AI行为树

图6.25是Unity3D中Behave插件的设计者Emil Johansen给出的例子，用来定义足球场上一个球员的AI行为。参见网址http://arges-systems.com/blog/2008/12/17/behavior-trees-branching-paths-with-selectors/

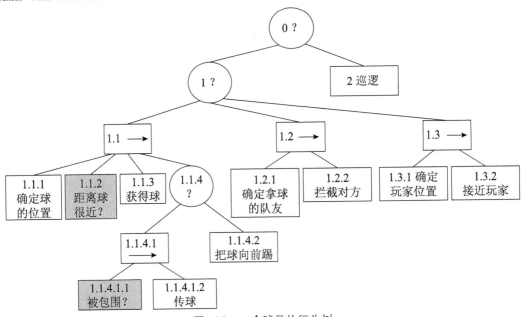

图6.25 一个球员的行为树

该行为树的执行逻辑是这样的：

```
1．TeamPlayer节点0尝试执行两个子节点中的一个；
```

1-1 选择节点1，从左到右依次执行3个子节点1.1、1.2、1.3，只要有一个返回success便不再执行后续子节点而返回；

　1-1-1节点1.1顺序执行4个子节点1.1.1～1.1.4，如果有一个返回failure，便不再执行后续子节点而返回failure；

　　1-1-1-1确定球的位置（子节点1.1.1）；

　　1-1-1-2如果成功，检查我们是否比其他队友更加靠近球（子节点1.1.2）；

　　1-1-1-3如果是，尝试获得球（子节点1.1.3）；

　　1-1-1-4如果获得了球，尝试两个子节点（子节点1.1.4）；

　　　a）如果被包围，并且可以将它传给其他人，那么传球（子节点1.1.4.1）；

　　　b）否则将球踢向前方（子节点1.1.4.2）；

　1-1-2子节点1.2顺序执行两个子节点；

　　1-1-2-1试着找到一个拿球的队友（子节点1.2.1）；

　　1-1-2-2如果能看到这个队友，那么去拦截对方（子节点1.2.2）；

　1-1-3如果上面都不成功，那么向玩家移动（子节点1.3）；

　　1-1-3-1首先尝试确定移动的玩家的位置（子节点1.3.1）；

　　1-1-3-2接近玩家（子节点1.3.2）；

2．如果前面任务失败，那么巡逻（子节点2）。

6.3　行为树的执行流程解析——阵地军旗争夺战

本节再介绍一个行为树的例子，这里将会一步步详细分析它的执行流程。

6.3.1　军旗争夺战行为树

图6.26所示的行为树描述了一个军旗争夺战中AI士兵的行为，它有时守卫己方阵地不被敌人攻击，有时又攻击敌人阵地，消灭敌人，夺取军旗，返回己方阵地，游戏规则判为胜利。

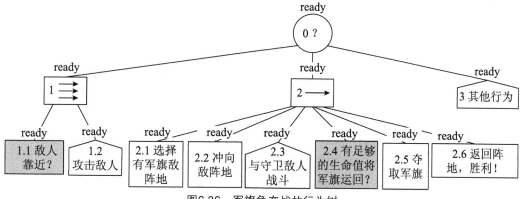

图6.26　军旗争夺战的行为树

该行为树的逻辑是这样定义的：

```
0. 根节点Selector
 1. 守卫己方阵地（并行节点）
  1.1 敌人靠近阵地？（条件节点）
  1.2 攻击来犯敌人（行为节点）
 2. 攻击敌人阵地（顺序节点）
  2.1 选择一个敌阵地（行为节点）
  2.2 冲向敌人阵地（行为节点）
  2.3 与守卫的敌人战斗（行为节点）
  2.4 是否有足够的生命值把敌军旗夺回？（条件节点）
  2.5 夺取敌方军旗（行为节点）
  2.6 返回己方阵地，胜利（行为节点）
 3. 其他行为
```

节点1（守卫己方阵地）是一个有两个子节点1.1、1.2的并行节点。

节点1.1（敌人靠近阵地？）是一个条件节点，只有当视野中有敌人时，节点1.1才返回success，否则返回failure。注意，在编写相应子程序时不仅要检查阵地附近有没有敌人，还要确定AI角色能看到敌人（这时要用到第4章介绍的AI感知）。如果AI角色已经跑出了城堡，那么它就看不到敌人了。

节点1.2（攻击来犯敌人）的行为可以是一个包含子树的组合节点，也可以是一个行为节点，用来激活战斗系统。

节点2（攻击敌人阵地）是一个顺序节点。

节点2.1（选择一个敌阵地）是一个行为节点，用来选择敌方阵地并且寻找到这个地点的路径。

节点2.2（跑向选取地点）是个行为节点，使AI角色沿着计算的路径跑动，直到到达目标点位置。

节点2.3定义的行为让AI角色与守卫的敌人战斗。

完成战斗后，节点2.4会判断是否有足够的生命值把地方军旗夺回自己阵地，如果生命值不够，2.4向节点2返回failure，这时节点2不再执行后面的子节点2.5~2.6，直接向根节点返回failure。如果还有足够的生命值，那么接下来依次执行2.5~2.6。都执行完毕后，节点2向根节点返回success。

6.3.2 军旗争夺战的行为树遍历过程详解

下面来看看军旗争夺战游戏执行时是如何遍历行为树的。

（1）开始遍历行为树时，所有的节点都是ready状态，如图6.26所示。

（2）在第一轮迭代中，它首先访问节点0，如图6.27所示。

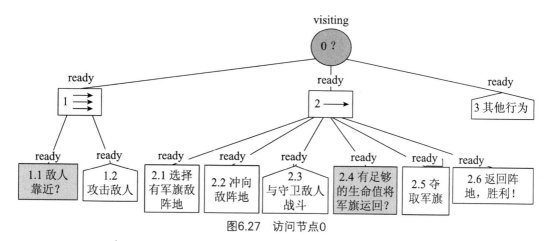

图6.27 访问节点0

（3）节点0是一个选择节点，它从左到右检查子节点，直到有一个子节点返回success或返回running状态。如果没有返回success或running状态的节点，那么返回failure，图6.28所示为节点0检查子节点1。

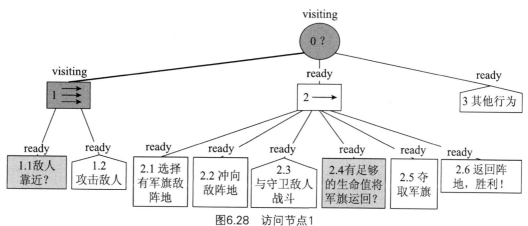

图6.28 访问节点1

（4）并行访问节点1的所有子节点，即节点1.1和节点1.2，如图6.29所示。

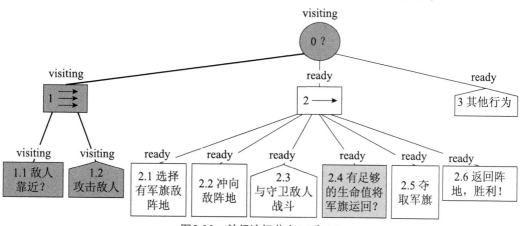

图6.29 并行访问节点1.1和1.2

（5）条件节点1.1判断附近是否有来犯敌人，因为当前视野中没有敌人，故返回failure，如图6.30所示。

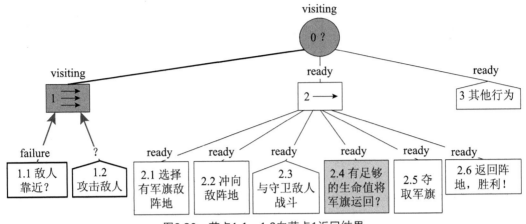

图6.30　节点1.1、1.2向节点1返回结果

（6）当收到节点1.1返回的failure时，并行节点1终止其他子节点的执行，向上层节点0返回failure，如图6.31所示。

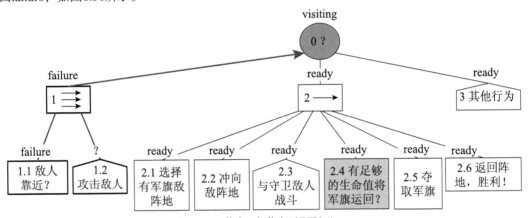

图6.31　节点1向节点0返回failure

（7）节点0执行下一个子节点2，子节点2处于ready状态，可以访问，如图6.32所示。

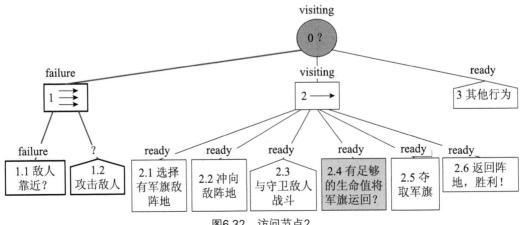

图6.32　访问节点2

（8）顺序节点2首先访问子节点2.1，选择一个有敌人军旗的敌人阵地，如图6.33所示。

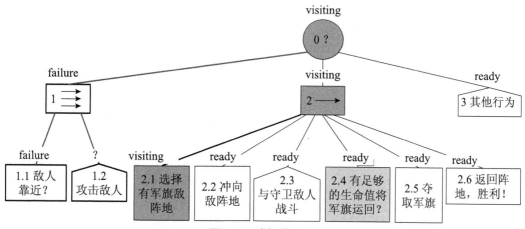

图6.33　访问节点2.1

（9）成功地找到一个敌人阵地，返回success，如图6.34所示。

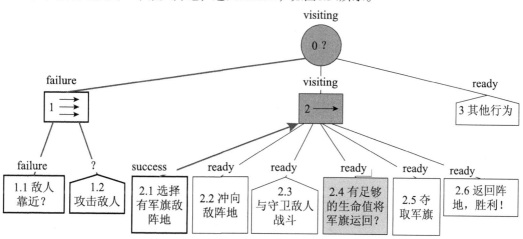

图6.34　节点2.1向节点2返回success

（10）执行下一个节点2.2，跑向选择的敌方阵地，如图6.35所示。

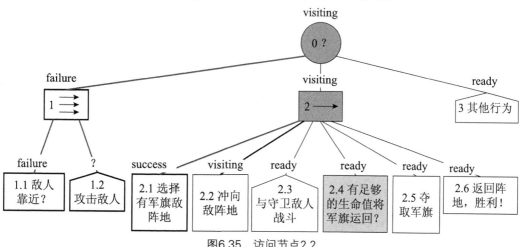

图6.35　访问节点2.2

（11）由于这个敌方阵地比较远，无法在这次迭代中到达，因此，节点2.2向父节点2返回running状态，如图6.36所示。

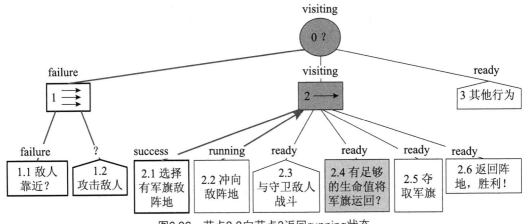

图6.36 节点2.2向节点2返回running状态

（12）由于2.2返回running，顺序节点2不再执行下一个节点，它向上层节点0返回running状态码，如图6.37所示。

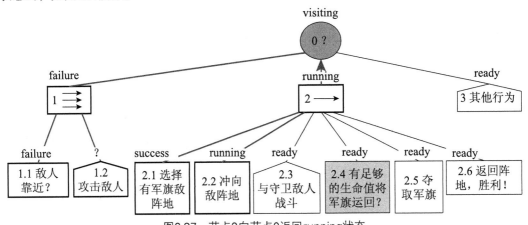

图6.37 节点2向节点0返回running状态

（13）优先级选择节点0也返回running状态码。由于它已经找到了一个running的子节点，因此不需要检查优先级更低的节点（节点3），如图6.38所示。当前迭代步的遍历完成。

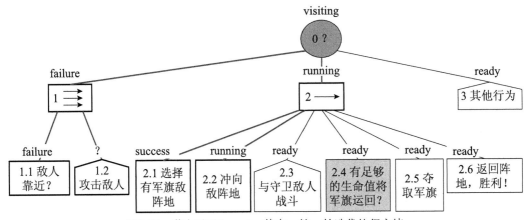

图6.38 节点0返回running状态，第一轮迭代执行完毕

（14）在下一次遍历前，所有非running节点被设置为ready，如图6.39所示。

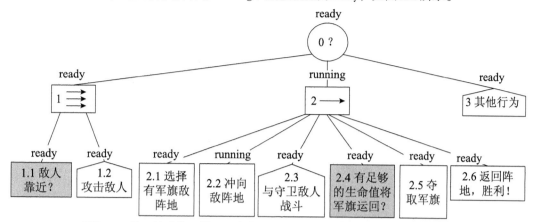

图6.39　第二轮迭代之前，所有非running状态的节点被设置为ready状态

（15）在第二轮迭代（即第二个时间步，可能是第2帧，也可能另行设置两次访问之间的时间间隔）中，再次从根节点0开始，重新访问行为树，如图6.40所示。

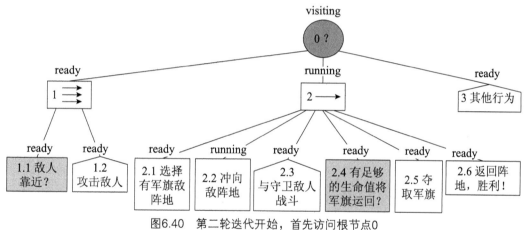

图6.40　第二轮迭代开始，首先访问根节点0

（16）首先检查第一个子节点（节点1），依然会返回failure，因为AI角色看不到敌人，如图6.41~6.44所示。

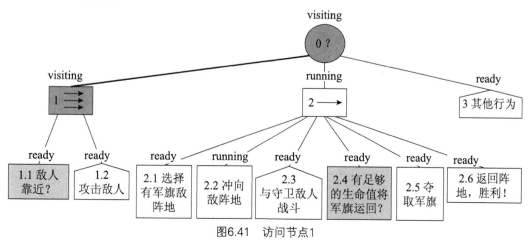

图6.41　访问节点1

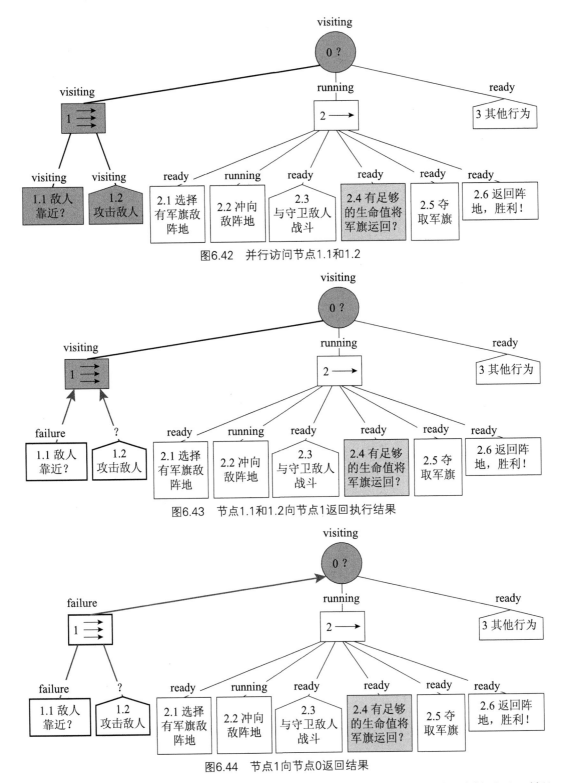

图6.42 并行访问节点1.1和1.2

图6.43 节点1.1和1.2向节点1返回执行结果

图6.44 节点1向节点0返回结果

（17）进行到下一个子节点（节点2），由于这个节点的running状态并没有被重置，所以依然存储了上一次执行到哪个子节点的信息，如图6.45所示。

第6章 AI角色的复杂决策——行为树

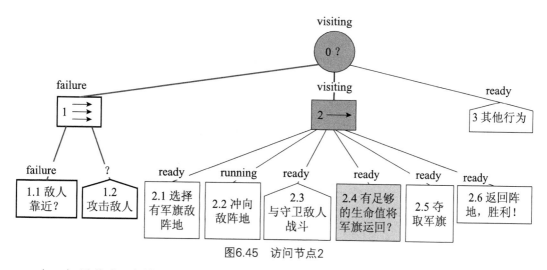

图6.45 访问节点2

（18）子节点2存储了上一次访问的子节点2.2。在这个迭代步，节点2.2可能返回success，可能继续处于running状态，也可能返回failure，如图6.46所示。

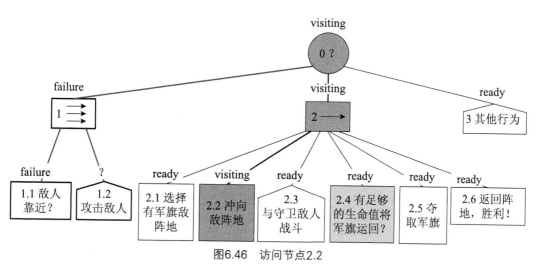

图6.46 访问节点2.2

下面再来回忆一下遍历过程。在第一个迭代中，选择节点0首先尝试执行第一个子节点——并行节点1。但是，节点1的第一个子节点1.1立即返回失败状态，于是，节点1也向根节点0返回失败状态。根节点0选择下一个子节点2开始执行，子节点2是顺序节点，它首先执行第一个子节点2.1，2.1立刻返回成功状态。接下来执行节点2.2，由于2.2的执行需要一定的时间，因此2.2会返回running，节点2也向根节点返回running状态。第一轮迭代就结束了。这一轮中，行为树的遍历路径在图6.47中用灰色粗线标出。

遍历行为树的过程生成了一条线性的路径。行为树的更新从根节点开始，进行深度优先的遍历，然后行为由中间节点（即组合节点）的特性决定。访问每个中间节点时，根据它的具体类型，可能会执行它的某个子节点。从这个子节点树返回时，重新访问中间节点，对子节点返回的执行状态做出反应，并决定是否访问下一个子节点，或是离开这个中间节点。

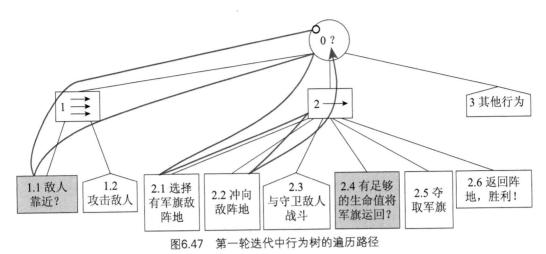

图6.47　第一轮迭代中行为树的遍历路径

如果不考虑中间节点的具体类型,深度遍历整个行为树的过程将如图6.48所示。

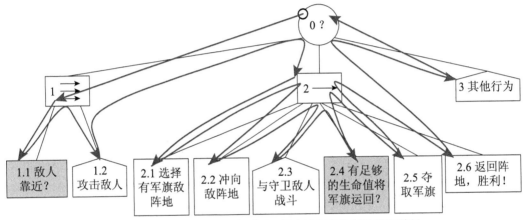

图6.48　不考虑中间节点类型时,深度遍历行为树的遍历路径

6.4　使用React插件快速创建敌人AI士兵行为树

　　React是Unity3D商店中的一个用于生成行为树的辅助工具,它可以帮助用户以图形化的方式直接创建出行为树,而不用去考虑行为树的实现逻辑。用户需要做的只是"画"出行为树,然后编写行为节点需要执行的代码就可以了。它的购买网址是https://www.assetstore.unity3d.com/#/content/516。

　　除了React,Unity3D商店中还有其他行为树插件可用,例如Opsive的Behavior Designer、Gavalakis Vaggelis的NC:Behavior Engine、AngryAnt的Behave 2、Anderson Cardoso的Behavior Machine等。其中一些还同时可以用于设计有限状态机,例如NC：Behavior Engine和Behavior Machine。

　　如果不想付费购买插件的话,还有一个免费插件可以选择——Rain Indie,使用方法与此类似。

下面将用React插件来实现如图6.49所示的一个简单的行为树。

在这个行为树中，敌人AI士兵首先判断能否看到玩家。如果返回success，即敌人AI士兵能看到玩家，那么敌人AI士兵会向玩家方向移动，移动到一定距离时，便开始攻击。如果敌人AI士兵看不到玩家，则为空闲（Idle）状态。

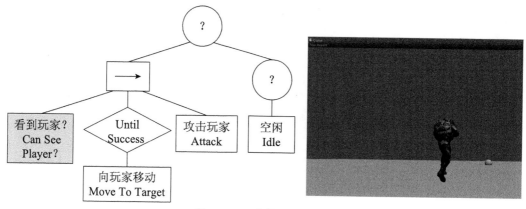

图6.49　一个简单的行为树

6.4.1　游戏场景设置

首先导入各种游戏资源，如带动画的模型等，然后导入React插件。

新建一个场景，创建一个平面作为地面，添加灯光，调整好相机位置。

6.4.2　创建行为树

图6.50　Reactable命令

为敌人AI士兵创建行为树。在Project面板中单击【Create】→【Reactable】，如图6.50所示。这时，在Asset中就生成了一棵名称为Reactable的空行为树，将它重命名为enemyBehaviorTree，如图6.51所示。

单击选中空行为树，然后单击菜单栏的Window→React Editor命令，如图6.52所示，弹出行为树的编辑窗口，如图6.53所示。

这样就可以编辑行为树了。这时只能看到一个根节点，右击这个Root节点，就可以看到图6.54所示的菜单。单击【Add】→【Branch】→【Selector】，创建一个选择节点。

图6.51　重命名空行为树

图6.52 React Editor命令

图6.53 行为树的编辑窗口

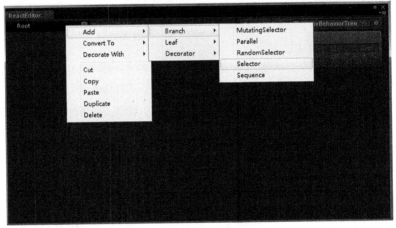

图6.54 为行为树添加选择节点

接下来为这个选择节点创建两个子节点,第一个是顺序节点,第二个仍然是一个选择节点,如图6.55所示。

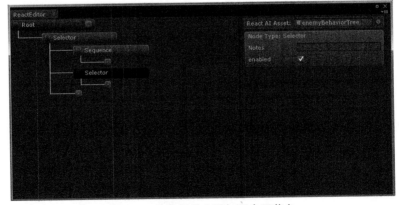

图6.55 为选择节点添加两个子节点

下面就该加上叶节点了。单击Sequence下面的灰色小方框，加上一个条件（Condition）节点CanSeePlayer，如图6.56所示。

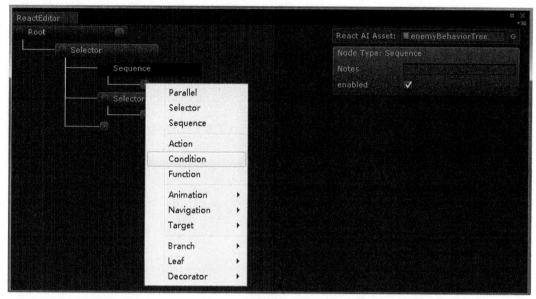

图6.56　添加第一个叶节点

由于叶节点的具体行为需要在脚本中进行定义，所以需要创建并编写一个脚本enemyBehavior，其中有一些函数，用来确定每个节点对应的行为。这里暂时先创建这个脚本，并且按照叶节点的具体功能定义一些空函数，等创建好行为树后再添加代码。

创建好脚本并添加所需的函数后，单击刚才创建的Condition节点，在窗口右边部分单击C按钮，选择Condition节点的行为是在哪一个脚本中。这里选择enemyBehavior，接下来在按钮左边输入框中的.后面填写具体的函数名称。假设这个节点对应的函数名称为"CanSeePlayer"，如图6.57所示。

图6.57　为CanSeePlayer条件节点选择相应的实现函数

再单击灰色小方框,创建一个行为(Action)节点,如图6.58所示。

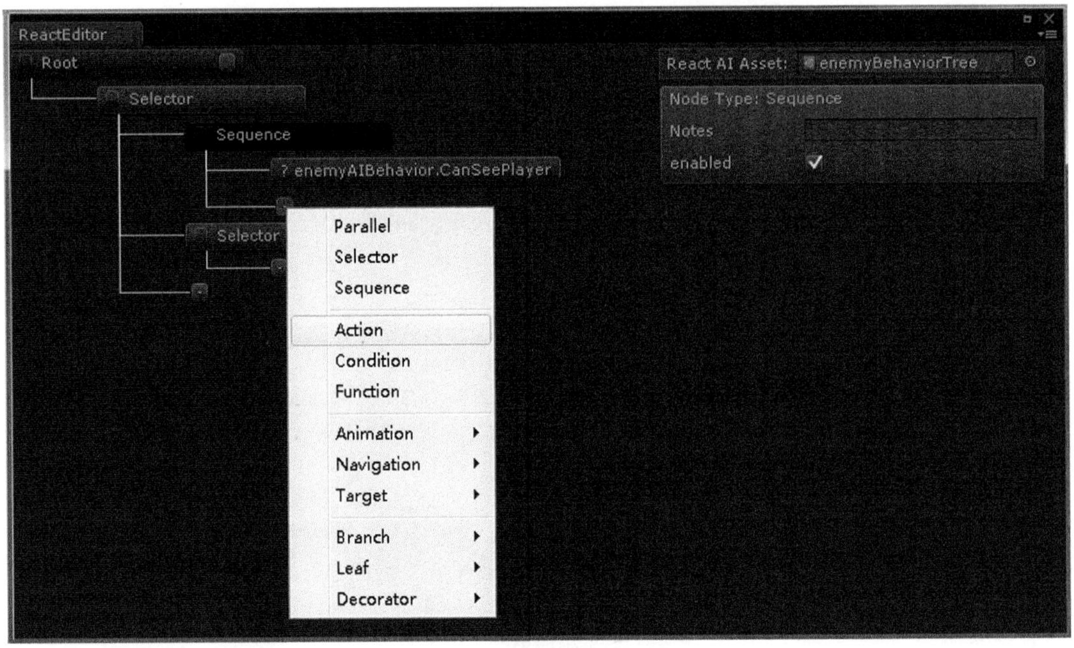

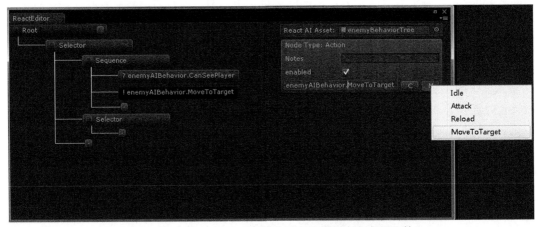

图6.58　添加第二个叶节点

接下来,为MoveToTarget行为节点选择相应的函数。

图6.59　为MoveToTarget行为节点选择相应的实现函数

由于MoveToTarget这个行为需要较长时间,所以还需要加上一个修饰节点Until Success,如图6.60所示。这意味着,只有修饰节点的子节点返回success时,修饰节点才会返回success,否则,修饰节点会等待(相当于running)。在MoveToTarget的实现中,只有当与玩家的距离小于某个值时,才会返回success,否则返回continue(可以认为是前面提到的running状态)。

接下来再添加其他的节点,方法同上。建立好后的行为树如图6.61所示。

第6章 AI角色的复杂决策——行为树

图6.60 为MoveToTarget行为节点添加修饰节点

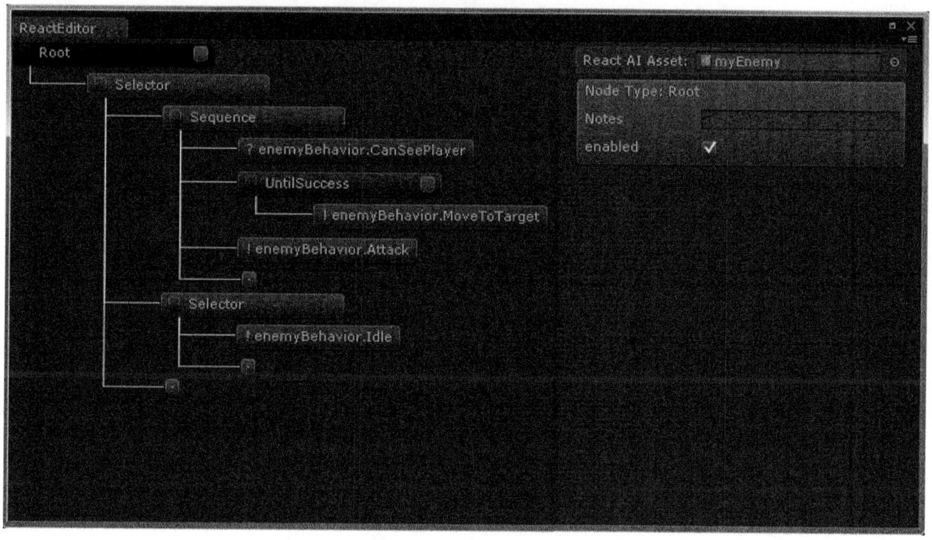

图6.61 利用React插件所创建的行为树

6.4.3 编写脚本实现行为树

建立好行为树后，就可以为行为树的所有叶节点编写脚本了。enemyBehavior.cs脚本的内容如下：

代码清单6-1 enemyBehavior.cs

```
using UnityEngine;
using System.Collections;
using System.Collections.Generic;
//应用React插件时，要加上下面两行；
```

```csharp
using React;
using  Action = System.Collections.Generic.IEnumerator<React.NodeResult>;

public class enemyBehavior : MonoBehaviour {

    Animation animComponent;
    CharacterController controller;
    public float runSpeed = 70.0f;
    public Transform player;

    private Vector3 walkDirection;
    private bool isRunningToTarget = false;
    private bool runToTarget = false;

    void Start () {
        animComponent = GetComponent<Animation>();
        controller = GetComponent<CharacterController>();
        animComponent.wrapMode = WrapMode.Loop;
    }


    void Update ()
    {
        walkDirection = player.position - transform.position;

        if (runToTarget)
        {
            controller.SimpleMove(walkDirection * runSpeed * Time.deltaTime);
        }
    }

    //行为节点Idle执行的代码;
    public Action Idle()
    {
        //播放动画;
        animComponent.CrossFade("Idle");
        //注意，在使用React插件时，行为节点的返回结果必须采用yield;
```

```csharp
        yield return NodeResult.Success;
}

//行为节点Attack执行的代码;
public Action Attack()
{
    print("now attacking");
    animComponent.CrossFade("StandingFire");
    yield return NodeResult.Success;
}

public Action Reload()
{
    print("now reloading");
    animComponent.CrossFade("StandingReloadM4");
    yield return NodeResult.Success;
}

public Action MoveToTarget()
{
    runToTarget = true;

    //如果与玩家的距离的平方大于100;
    if (walkDirection.sqrMagnitude > 100)
    {
        print("now moving to target");
        animComponent.CrossFade("Run");
        //这里的返回结果是continue, 而不是success, 这里continue相当于running;
        //因为向目标移动不能在一帧中完成, 所以下一帧会回到这里继续执行;
        //直到与玩家的距离的平方小于100为止;
        yield return NodeResult.Continue;
    }
    else
    {
        //已经很接近玩家, 返回success;
        runToTarget = false;
```

```
            yield return NodeResult.Success;
        }
    }


    //条件节点CanSeePlayer的执行代码，判断能否看到玩家；
    //在这个插件中，条件节点的返回值是true或false；
    //无须像Action节点那样返回success或failure；
    public bool CanSeePlayer（）
    {
        var playerDirection = player.position - transform.position;
        playerDirection.y = 0;
        var ray = new Ray（transform.position+new Vector3（0,1,0），
        playerDirection）;

        var inFOV = Vector3.Angle（transform.forward, playerDirection）< 45;
        if（inFOV）
        {
            RaycastHit hit;
            if（Physics.Raycast（ray, out hit, 10000））
            {
                //如果与玩家之间没有视线遮挡，则返回true，否则返回false；
                return hit.collider.transform == player;
            }
        }

        Debug.Log("can't see player!")；
        return false;
    }
}
```

6.4.4 创建敌人AI士兵角色

选择带动画的敌人AI士兵模型，将其拖动到场景中，为它添加CharacterController，调整好Center的值，然后，为它添加上一小节编写的脚本enemyBehavior。接下来要把上一小节设计的行为树赋给敌人AI士兵。单击【Component】→【Scripts】→【Reactor】，为敌人AI士兵添加Reactor脚本，将enemyBehaviorTree行为树拖动到Reactor的Reactable中，如图6.62、图6.63所示。

第7章
AI综合示例——第三人称射击游戏

在前言中我们提到，游戏中角色的AI水平直接决定着游戏的惊险性、刺激性、趣味性，优秀的游戏会使人玩不释手。在本章中，我们给出一个具有较高AI水平的第三人称射击游戏（Third Person Shooting，简称为TPS）示例。游戏中的"敌人士兵"具有较高的"智能水平"，它们可以自主寻找并移动到隐蔽点、躲藏在工事后面、下蹲以减少被玩家击中的概率、举枪瞄准玩家、射击……这些战术动作大大增加了该游戏的惊险性、挑战性！

第三人称游戏中，玩家控制的游戏人物在游戏屏幕上是可见的，这样更有利于观察角色的受伤情况和周围事物，更强调游戏中玩家角色的动作感，需要更加丰富、生动的玩家动画。

7.1 TPS游戏示例总体设计

7.1.1 TPS游戏示例概述

为更加突出游戏AI的内容，本示例场景设计比较简单。场景中不规则地摆放了若干个方箱，方箱高度约1米，隐藏在后面足以抵挡对方射来的子弹。示例游戏场景如图7.1所示。

游戏采用第三人称视角，这样可以在示例中学习第三人称相机的设计与实现方法。

采用第三人称的玩家角色，读者可以在示例中学习玩家角色动画系统的编程控制。

游戏中的敌人AI士兵能够自主发现隐藏工事，采用A*寻路技术实现。

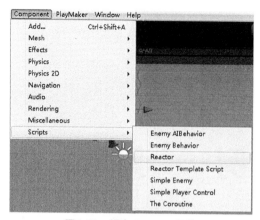

图6.62 添加Reactor组件

图6.63 将行为树赋给角色

6.4.5 创建玩家角色及运行程序

将带动画的玩家模型拖动到场景中,添加Character Controller,添加PlayerController.cs脚本。

运行游戏。图6.64中背对观众、离观众更近的是玩家,较远的是敌人。可以看到,敌人AI角色正朝玩家跑过来,跑到一定范围内时,开始射击。

图6.64 执行结果

第7章 AI综合示例——第三人称射击游戏

图7.1 TPS游戏截图

为增加游戏的惊险性、趣味性，敌人AI士兵还具有隐藏于隐蔽点后射击、下蹲以躲避玩家火力、跑动以更换隐蔽点、可控发射子弹的命中率等特点。

本示例采用行为树技术实现，以提高读者的游戏AI角色逻辑控制能力，如设计行为树、编写叶节点代码等。

详细介绍一个完整TPS游戏编程的各部分内容，使读者能够全面了解和掌握TPS游戏开发的辅助却很重要的细节。细节决定成败！

7.1.2 敌人AI角色行为树设计

通过对第6章内容的学习，读者可以设计敌人AI士兵的AI逻辑描述和敌人AI士兵角色的行为树，如图7.2所示。

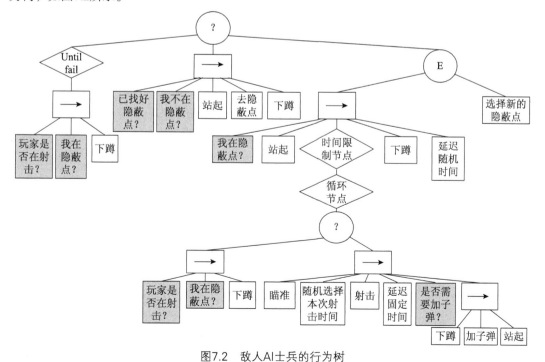

图7.2 敌人AI士兵的行为树

本款TPS游戏有n个敌人士兵，每个敌人士兵都有一样的AI逻辑，而在AI逻辑中又增加了随机选择节点来增加敌人士兵行为的随机性，使游戏行为产生多样性、随机性。这些随机性又在同一个行为树中，可以减少设计的工作量。

本款TPS游戏的敌人AI士兵使用Unity3D3.0～3.4的Demo-BootCamp中的士兵模型和动画，以便读者深入学习动画的操作和使用。

本游戏中，单个敌人AI士兵的战斗任务是防守阵地，首先要保护自己不被玩家射击的子弹击中，注重寻找隐蔽工事。如果玩家正在射击则下蹲，如果玩家没在射击就探出头来向玩家射击。敌人AI士兵的AI逻辑如下：

```
0.根节点（选择节点）
  1.判定自己是否安全（修饰节点+顺序节点）
    1.1 玩家是否正在朝自己射击？（条件节点）
    1.2 是否在隐蔽点？（条件节点）
    1.3 下蹲，躲避玩家射击（行为节点）
  2.寻找隐蔽地点（顺序节点）
    2.1 已经找到隐蔽地点？（条件节点）
    2.2 我不在隐蔽地点？（条件节点）
    2.3 如果发现了隐蔽地点并且我不在隐蔽地点则站立起来（行为节点）
    2.4 跑到隐蔽地点。这里采用A*寻路技术（行为节点）
    2.5 下蹲，躲避玩家射击（行为节点）
  3.随机节点，以增加游戏情节的多样性
    3.1 寻找隐蔽地点后攻击玩家（顺序节点）
      3.1.1 我在隐蔽点？（条件节点）
      3.1.2 站起（行为节点）
      3.1.3（1）给定延时时间（0～20秒），时间到顺次执行后续
           （2）给定可以循环的次数（0～20次）
           （3）选择节点，决定是躲避还是攻击玩家
              3.1.3.1 （顺序节点）
              3.1.3.1.1 玩家是否在射击？（条件节点）
              3.1.3.1.2 我是否在隐蔽点？（条件节点）
              3.1.3.1.3 下蹲以躲避玩家射击（行为节点）
              3.1.3.2 （顺序节点）
              3.1.3.2.1 瞄准（行为节点）
              3.1.3.2.2 随机选择本次射击时间（行为节点）
              3.1.3.2.3 延迟固定时间（行为节点）
              3.1.3.2.4 是否需要加子弹？（条件节点）
              3.1.3.2.5 填充弹夹子弹（顺序节点）
                 3.1.3.2.5.1 下蹲
```

```
            3.1.3.2.5.2 加子弹
            3.1.3.2.5.3 站起
   3.2 寻找新的隐蔽地点
```

7.2 TPS游戏示例场景的创建

7.2.1 游戏场景设置

首先导入游戏所用模型、音频、纹理等资源,导入React插件和A* Pathfinding Project插件。在【Edit】→【Project Settings】→【Tags and Layers】中添加Player和Enemy标签,并且新增Ground和Obstacles层。

创建行走地面。单击【GameObject】→【Create Other】→【Plane】,创建一个平面作为地面,将它命名为Ground,并在Inspector面板中设置Layer为Ground,将Transform中的Scale调整为10、1、10,将相机调整到合适的位置。

在场景中添加平行光以及添加障碍物、掩体等模型。将障碍物模型拖动到场景中,并放在合适的位置。新建一个空物体,单击【GameObject】→【Create Empty】,命名为Collisions,然后将所有的障碍物和掩体拖动到它上面,成为它的子物体,设置Layer为Obstacles。

创建一个空物体,单击【GameObject】→【Create Empty】,重命名为A*,然后单击【Component】→【Pathfinding】→【Pathfinder】,为它添加A*寻路组件,选择Grid Graph,并进行相应的设置,方法如第3章所述。

7.2.2 隐蔽点设置

为隐蔽点创建一个预置体。

首先在场景中创建一个空物体,命名为Shelter,然后为它添加Shelter.cs脚本。创建一个Prefab,将这个Shelter游戏体拖动到这个Prefab上,将这个预置体命名为Shelter。

接下来,在场景中放置一些隐蔽点。只要将隐蔽点的预置体拖动到场景中就可以了。注意需要将它们放到合适的位置,一般是放在掩体或障碍物的后面(相对于玩家来说)。

现在的场景中有4个隐蔽点。创建好需要的隐蔽点之后,在场景中创建一个空物体,命名为Shelters,然后将刚才创建的那些隐蔽点拖动到Shelters中作为它的子物体。

提示: 由于玩家可以在场景中随意运动,因此对每个掩体来说,玩家都可能位于它的不同方向,因此,我们事先选定的某些隐蔽点可能无法提供掩护。针对这种情况,可以为每个隐蔽点增加属性,表明它相对于掩体的方向,然后,在游戏运行过程中,通过动态判断隐蔽点、掩体和玩家的相对位置,找出适当的隐蔽点。另一种方法是考查每个隐蔽点,通过向玩家投射射线,判断相交性来判断它的有效性。

代码清单7-1　Shelter.cs

```csharp
using UnityEngine;
using System.Collections;
using System.Collections.Generic;

public class Shelter : MonoBehaviour
{
    //所有隐蔽点组成的表;
    private static List<Shelter> _Shelters = new List<Shelter>();
    public static List<Shelter> Shelters { get { return _Shelters; } }

    //当前角色的控制器
    public EnemyAIController Controller { get; set; }

    void Start()
    {
        enabled = false;
        //将自身加入Shelters表中;
        _Shelters.Add(this);
    }


    void OnDrawGizmos()
    {
        //在隐蔽点所在位置显示一张图片;
        Gizmos.DrawIcon(transform.position, "Shelter.png");
    }
}
```

7.3　为子弹和武器编写脚本

7.3.1　创建子弹预置体

创建一个子弹预置体。首先在场景中添加一个平面，添加Rigidbody，添加Bullet.cs脚本，然后在Project面板中单击【Create】→【Material】，并赋予相应的纹理，如图7.3所示。在

Project面板中单击【Create】→【Prefab】，创建一个空的Prefab，命名为theBullet。将创建的子弹游戏体拖动到这个Prefab上。

Bullet.cs脚本需要设置的参数是子弹发射速度speed和销毁前的存活时间lifetime。

图7.3　子弹的Inspector面板

代码清单7-2　Bullet.cs

```
using UnityEngine;
using System.Collections;

public class Bullet : MonoBehaviour
{
    //子弹的速度;
    public float speed = 100;
    //子弹被销毁之前的存在时间;
    public float lifeTime = 6f;

    //子弹发射方向;
    [HideInInspector]
    public Vector3 direction;

    void Start()
    {
```

```csharp
        //在lifeTime之后销毁;
        Destroy(gameObject, lifeTime);
    }

    void Update()
    {
        //每帧更新子弹位置;
        transform.position += direction * speed * Time.deltaTime;
    }

    //当子弹与其他碰撞体发生碰撞时调用;
    void OnTriggerEnter(Collider other)
    {
        //如果另一个碰撞体是玩家;
        if (other.tag == "Player")
        {
            //减少玩家的健康值;
            PlayerController controller;
            controller = other.GetComponent<PlayerController>();
            controller.health -= 20;

            //销毁子弹;
            Destroy(gameObject);
        }

        //如果另一个碰撞体是敌人角色;
        if (other.tag == "Enemy")
        {
            //减少敌人的健康值;
            EnemyAIController controller;
            controller = other.GetComponent<EnemyAIController>();
            controller.health -= 20;

            Destroy(gameObject);
        }
    }
}
```

7.3.2 为M4枪编写脚本

如果需要对游戏进行进一步的扩展,可能需要让玩家或敌人能够更换武器。武器采用M4卡宾枪。我们需要为武器编写脚本,这样,更换武器时,只需要为新武器编写代码就可以了。

代码清单7-3 Gun.cs

```csharp
using UnityEngine;
using System.Collections;

public class Gun : MonoBehaviour
{
    //子弹预置体;
    public GameObject bulletPrefab;
    //子弹的生成位置;
    public Transform bulletSpawnPoint;

    //开火的声音;
    public AudioClip fireSound;
    //加子弹的声音
    public AudioClip reloadSound;

    //两发子弹之间的时间间隔;
    public float fireInterval;

    //子弹的发散量,用来控制射击的精确度;
    public float spread = 0.5f;

    //当前子弹的数量;
    public int ammo = 30;
    //每次加子弹后的子弹数量;
    public int reloadAmount = 30;

    //子弹的方向;
    private Vector3 bulletDirection;
    //子弹的旋转;
    private Quaternion bulletRotation;
    //上次发射子弹的时间;
    private float lastFireTime = -1;
```

```csharp
//是否正在开火;
private bool isFiring = false;

//枪的控制者;
[HideInInspector]
public GameObject controller;


void Start ( )
{
    if (bulletSpawnPoint == null)
        bulletSpawnPoint = transform;
}

public void Fire ( )
{
    isFiring = true;
}


public void StopFire ( )
{
    isFiring = false;
}



void Update ( )
{
    //如果枪具有控制者;
    if (controller != null)
    {
        //根据子弹的发散量,计算子弹的发射方向;
        Quaternion spreadRot = Quaternion.Euler ( 0, (Random.value-
        0.5f) * 2 * spread,0);
        bulletRotation = Quaternion.LookRotation ( spreadRot *
        controller.transform.forward);
        bulletDirection = bulletRotation * Vector3.forward;
    }
```

```
        //如果正在开火，且还有弹药；
        if (isFiring && ammo > 0)
        {
            //距离上次发射子弹的间隔时间大于两次发射子弹的时间间隔；
            if (Time.time - lastFireTime > fireInterval)
            {
                //再次发射子弹；更新最后发射子弹的时间；
                Shoot();
                lastFireTime = Time.time;
            }
        }
    }

    void Shoot()
    {
        //如果枪没有控制者，直接返回；
        if (controller == null)
            return;

        //实例化子弹预置体；并为子弹设置发射方向；
        GameObject bulletObj = Instantiate(bulletPrefab, bulletSpawnPoint.position, bulletRotation) as GameObject;
        bulletObj.GetComponent<Bullet>().direction = bulletDirection;

        //播放开火声音；
        if (fireSound != null)
            audio.PlayOneShot(fireSound,1);

        //如果当前子弹数大于0，那么子弹数减1；
        if (ammo > 0)
            ammo --;
    }

    public void Reload()
    {
        //加子弹，播放声音；
```

```
        ammo = reloadAmount;
        if (reloadSound != null)
            audio.PlayOneShot(reloadSound,1);
    }
}
```

7.4 创建玩家角色

将带动画的玩家模型拖动到场景中，调整好位置，添加Character Controller组件，添加PlayerController.cs脚本，并设置相应的参数。

将玩家的武器M4拖入到Inspector面板中PlayerController脚本的Weapon中，设置玩家转向的速度，然后将血条的图片分别拖入到Redblood和Blackblood位置。

Inspector面板中的Play Mode表示是处于游戏模式还是调试模式。如果是在游戏模式，玩家死亡会终止游戏，并且用户界面会显示玩家的血条；如果在调试模式，就不考虑玩家的死亡，也不显示血条。

设置好参数之后，要在Inspector面板中选择Tag为Player。

图7.4所示为玩家的Inspector面板和Hierarchy面板。

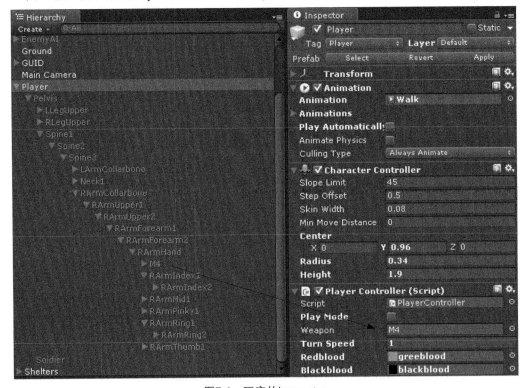

图7.4　玩家的Inspector

代码清单7-4　PlayerController.cs

```csharp
using UnityEngine;
using System.Collections;

public class PlayerController : MonoBehaviour
{
    //是否处于游戏模式;
    public bool playMode = false;
    //玩家持有的枪;
    public GameObject weapon;

    //玩家转向速度;
    public float turnSpeed = 2;

    //GUI界面中血条的纹理图片;
    public Texture2D redblood;
    public Texture2D blackblood;

    //玩家的生命值;
    [HideInInspector]
    public int health;

    //是否开火;
    [HideInInspector]
    public bool isFiring = false;

    //获得动画组件;
    private Animation anim;
    //获得角色控制器组件;
    private CharacterController controller;
    //保存transform组件;
    private Transform _t;
    //枪的脚本组件;
    private Gun gunScript;

    //是否正在加子弹;
    private bool isReloading = false;
    //加子弹动画的播放时间;
```

```csharp
    private float reloadTime;

    //用户的键盘输入量, wasd键;
    private float input_x;
    private float input_y;

    //每帧的速度量;
    private Vector3 _velocity = Vector3.zero;
    //玩家的行走速度;
    private float _speed = 1;
    //定义重力值;
    private float gravity = 20;

    void Start()
    {
        //获得角色控制器, 动画组件, transform;
        controller = GetComponent<CharacterController>();
        anim = GetComponent<Animation>();
        _t = transform;

        //存储加子弹动画的播放时间;
        reloadTime = anim["StandingReloadM4"].length;
        //获得枪的脚本组件;
        gunScript = weapon.GetComponent<Gun>();

        //如果有枪, 那么设置枪的控制器为玩家游戏体;
        if (weapon != null)
            gunScript.controller = _t.gameObject;

        //游戏开始时, 玩家的生命值为100;
        health = 100;
    }



    void Update()
    {
        //如果处于游戏模式;
        if (playMode)
```

```csharp
        {
            //如果生命值小于0，那么销毁自身，显示GameOver；
            if (health <= 0)
            {
                Destroy(this.gameObject);
                Application.LoadLevel("GameOver");
            }
        }


        //每帧的转向量；
        float step = turnSpeed * Time.deltaTime;
        //从ThirdPersonShooterGameCamera中获得射击目标点的位置；
        Transform target = Camera.main.GetComponent<ThirdPersonShooterGameCamera>().aimTarget;
        //求出玩家当前位置到射击目标点的向量；
Vector3 newVel = target.position - transform.position;
//向目标点旋转；
        Vector3 newDir = Vector3.RotateTowards(transform.forward, newVel.normalized, step, 0.0f);
        transform.rotation = Quaternion.LookRotation(newDir);

        //设置修正值；
        float input_modifier = (input_x != 0.0f && input_y != 0.0f) ? 0.7071f : 1.0f;

        //读取前后方向和左右方向上的输入量；
        input_x = Input.GetAxis("Horizontal");
        input_y = Input.GetAxis("Vertical");

        //求出所需的速度；
        _velocity = new Vector3(input_x * input_modifier, -0.75f, input_y * input_modifier);
        _velocity = _t.TransformDirection(_velocity) * _speed;
        _velocity.y -= gravity * Time.deltaTime;

//控制玩家移动；
        controller.Move(_velocity * Time.deltaTime);
```

```csharp
//根据键盘输入，播放相应的动画；
if (input_y > 0.01f)
    anim.CrossFade("Walk");
else if (input_y < -0.01f)
    anim.CrossFade("WalkBackwards");
else if (input_x > 0.01f)
    anim.CrossFade("StrafeWalkRight");
else if (input_x < -0.01f)
    anim.CrossFade("StrafeWalkLeft");
else if (!isReloading)
    anim.CrossFade("Idle");

//如果玩家按下开火键；
if (Input.GetButton("Fire1"))
{
    //播放开火动画；调用枪的脚本中的Fire()函数；
    anim.Play("StandingFire");
    isFiring = true;
    gunScript.Fire();

}
else
{
    //如果玩家没按下开火键，那么调用枪的脚本中的StopFire()键；
    isFiring = false;
    gunScript.StopFire();
}

//如果玩家按下加子弹键，且当前尚未处于加子弹状态；
if (Input.GetButton("Reload") && (!isReloading))
{
    //播放加子弹动画，调用枪的脚本中的Reload()函数；
    isReloading = true;
    anim.Play("StandingReloadM4");
    gunScript.Reload();
    //调用WaitForReloading 协程，等待加子弹动画播放完毕；
    StartCoroutine("WaitForReloading");
```

```csharp
    }

        //如果玩家按下瞄准键,播放瞄准动画;
        if (Input.GetButton("Aim"))
        {
            anim.Play("StandingAim");
        }

        //如果玩家按下下蹲键,播放下蹲动画;
        if (Input.GetButton("Crouch"))
        {
            anim.Play("Crouch");
        }
    }

    //协程,用来保证加子弹动画的完整播放;
    IEnumerator WaitForReloading()
    {
        yield return new WaitForSeconds(reloadTime);
        isReloading = false;
    }

    //如果处于游戏模式,用户界面上显示玩家的血条;
    void OnGUI()
    {
        if (playMode)
        {
            if (health < 0)
                health = 0;
            int blood_width = redblood.width * health / 100;
            GUI.DrawTexture(new Rect(100,100,blackblood.width,blackblood.height),blackblood);
            GUI.DrawTexture(new Rect(100,100,blood_width,redblood.height),redblood);
        }
    }
}
```

为玩家的武器M4添加Gun.cs脚本。将子弹预置体theBullet拖动到Bullet Prefab中，并将子弹生成位置SpawnPoint拖动到Bullet Spawn Point中，然后设置开火和装子弹的声音，设置子弹发射的时间间隔，子弹的发散量（不精确度），满载时子弹的数量和每次装子弹的数量，如图7.5所示。

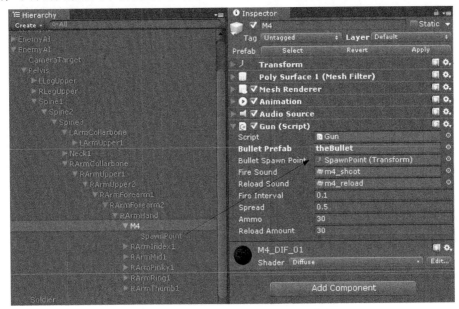

图7.5　玩家武器M4的Inspector面板

7.5　创建第三人称相机

由于这是一个第三人称射击游戏，因此还需要创建一个第三人称相机。

选中Main Camera，为它添加ThirdPersonShooterGameCamera.cs脚本，然后将Hierarchy面板中的Player拖动到Inspector面板Third Person Shooter Game Camera的Player中，将十字准星的图片拖到Crosshair中，如图7.6所示。

这样，当鼠标移动时，场景也会随之移动，就实现了一个第三人称相机。

代码清单7-5　ThirdPersonShooterGameCamera.cs

```
using UnityEngine;
using System.Collections;
```

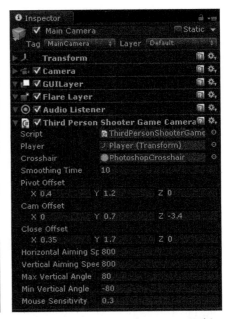

图7.6　Main Camera的Inspector面板

```csharp
public class ThirdPersonShooterGameCamera : MonoBehaviour
{
    //获得玩家的transform;
    public Transform player;
    //准星的纹理图片;
    public Texture crosshair;

    //瞄准目标;
    public Transform aimTarget;

    public float smoothingTime = 10.0f;
    //玩家到准星的偏移量;
    public Vector3 pivotOffset = new Vector3(0.2f, 0.7f,  0.0f);
    //相机的偏移量;
    public Vector3 camOffset   = new Vector3(0.0f, 0.7f, -3.4f);
    public Vector3 closeOffset = new Vector3(0.35f, 1.7f, 0.0f);

    //水平和垂直方向的瞄准速度;
    public float horizontalAimingSpeed = 800f;
    public float verticalAimingSpeed = 800f;
    //最大水平和垂直角;
    public float maxVerticalAngle = 80f;
    public float minVerticalAngle = -80f;

    //鼠标灵敏度;
    public float mouseSensitivity = 0.3f;

    //水平角度和垂直角度;
    private float angleH = 0;
    private float angleV = 0;

    private Transform cam;
    //最大相机距离;
    private float maxCamDist = 1;
    private LayerMask mask;
    //平滑的玩家位置;
    private Vector3 smoothPlayerPos;
```

```csharp
void Start()
{
    //新建一个游戏对象作为瞄准目标;
    GameObject g=new GameObject();
    aimTarget=g.transform;
    // 将玩家所在层添加到mask中;
    mask = 1 << player.gameObject.layer;
    //将Ignore Raycast层加到mask中;
    mask |= 1 << LayerMask.NameToLayer("Ignore Raycast");
    // 反转mask;
    mask = ~mask;

    //保存transform;
    cam = transform;

    //保存玩家位置;
    smoothPlayerPos = player.position;

    maxCamDist = 3;
}

//注意,在LateUpdate中更新相机位置;
void LateUpdate() {
    if (Time.deltaTime == 0 || Time.timeScale == 0 || player == null)
        return;

    angleH += Mathf.Clamp(Input.GetAxis("Mouse X"), -1, 1) *
        horizontalAimingSpeed * Time.deltaTime;

    angleV += Mathf.Clamp(Input.GetAxis("Mouse Y"), -1, 1) *
        verticalAimingSpeed * Time.deltaTime;
    //限制垂直角度;
    angleV = Mathf.Clamp(angleV, minVerticalAngle, maxVerticalAngle);

    //在改变相机位置之前,存储上次的瞄准距离;
    //这样,如果我们没瞄准任何东西(例如,朝向天空),那么可以保持上次的距离;
    float prevDist = (aimTarget.position - cam.position).magnitude;
```

```csharp
// 设置相机的旋转;
Quaternion aimRotation = Quaternion.Euler(-angleV, angleH, 0);
Quaternion camYRotation = Quaternion.Euler(0, angleH, 0);
cam.rotation = aimRotation;

//找到相机的远近位置;
smoothPlayerPos = Vector3.Lerp(smoothPlayerPos, player.position, smoothingTime * Time.deltaTime);
smoothPlayerPos.x = player.position.x;
smoothPlayerPos.z = player.position.z;
Vector3 farCamPoint = smoothPlayerPos + camYRotation * pivotOffset + aimRotation * camOffset;
Vector3 closeCamPoint = player.position + camYRotation * closeOffset;
float farDist = Vector3.Distance(farCamPoint, closeCamPoint);

//平滑的将maxCamDist增加到farDist的距离;
maxCamDist = Mathf.Lerp(maxCamDist, farDist, 5 * Time.deltaTime);

//计算相机位置,确保相机不会与几何体相交;
RaycastHit hit;
Vector3 closeToFarDir = (farCamPoint - closeCamPoint) / farDist;
float padding = 0.3f;
if (Physics.Raycast(closeCamPoint, closeToFarDir, out hit, maxCamDist + padding, mask)) {
    maxCamDist = hit.distance - padding;
}
cam.position = closeCamPoint + closeToFarDir * maxCamDist;

//从相机投射射线,找到与瞄准点的距离;
float aimTargetDist;
if (Physics.Raycast(cam.position, cam.forward, out hit, 100, mask)) {
    aimTargetDist = hit.distance + 0.05f;
}
else {
    //如果没有瞄准任何对象,那么保持原来的距离,但保证这个距离至少为5;
    aimTargetDist = Mathf.Max(5, prevDist);
}
```

```csharp
        // 根据计算出的距离设置瞄准目标的位置;
        aimTarget.position = cam.position + cam.forward * aimTargetDist;
    }



    //在屏幕上显示准星;
    void OnGUI()
    {
        if (Time.time != 0 && Time.timeScale != 0)
            GUI.DrawTexture(new Rect(Screen.width/2-(crosshair.
                width*0.5f), Screen.height/2-(crosshair.height*0.5f),
                crosshair.width, crosshair.height), crosshair);

    }


}
```

7.6 创建敌人AI士兵角色

将带动画的敌人AI士兵模型拖入到场景中,添加Character Controller组件。

7.6.1 用React插件画出行为树

为敌人AI士兵添加行为树,如图7.2所示。

在Project面板中点击【Create】→【Reactable】,创建行为树Reactable,然后点击【Window】→【React Editor】编辑行为树。这里为了确保动画的完整播放,在7.1节的行为树中,额外添加了一些Until Success修饰节点,得到的完整行为树如图7.7所示(见项目文件夹中的BT.bmp)。具体操作方法参见第6章所述内容。

> **注意:** 图7.2是通用的行为树图,但在实际中,由于不同的行为树插件对于节点的实现方式有所不同,某些行为树插件无需添加Until Success节点就可以确保动画的完整播放,而另一些插件如React,就需要添加这些节点来保证动画能够完整播放。因此,实际中的行为树可能比图7.2多出一些如Until Success的修饰节点。

行为树建立好之后,选中场景中的敌人AI士兵,然后单击【Component】→【Scripts】→【Reactor】,为它添加Reactor脚本。将创建的行为树reactable拖动到Reactable中,设置访问行为树的时间间隔Tick Duration。然后，添加EnemyBT.cs并设置好相应的参数。

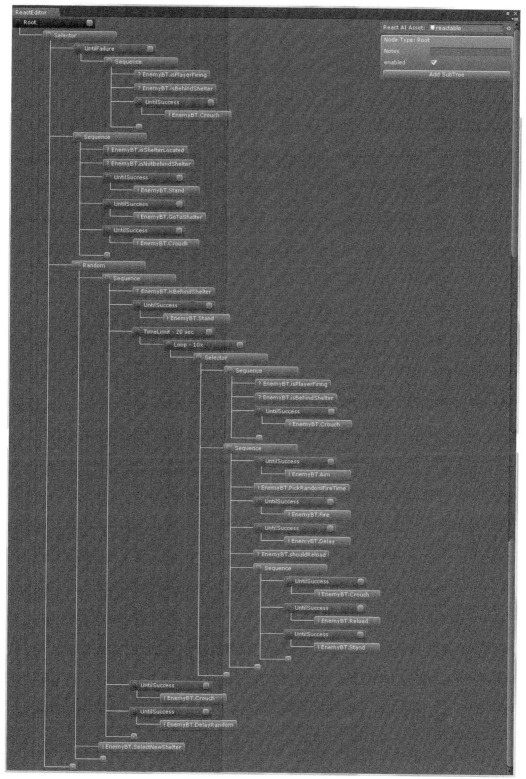

图7.7　React插件画出的行为树

7.6.2 为行为树编写代码

为敌人AI士兵角色添加EnemyBT.cs脚本。

目前已经画出了行为树,但是还没有定义叶节点行为的具体代码。这部分代码在EnemyBT.cs脚本中定义,因此,需要在敌人的Inspector面板中添加这个脚本。

需要注意的是,EnemyBT.cs脚本中包含了许多时间控制的部分,这是因为我们希望每个动画都能完整地播放,而不是刚刚播放了几帧,就在下次遍历行为树时转去播放另一个动画。

代码清单7-6　EnemyBT.cs

```csharp
using UnityEngine;
using System.Collections;
using System.Collections.Generic;
using React;
using Action = System.Collections.Generic.IEnumerator<React.NodeResult>;

public class EnemyBT : MonoBehaviour
{
    //动画组件;
    private Animation anim;
    // EnemyAIController组件;
    private EnemyAIController aiController;

    //延迟标记;
    private bool delayFlag = false;
    //延迟是否已开始;
    private bool delayStart = false;

    //随机延迟的标记;
    private bool delayRandomFlag = false;
    //随机延迟是否已开始;
    private bool delayRandomStart = false;
    //随机延迟的时间;
    private float randomDelayTime = 0;

    //站立动画的播放时间;
    private float standingTime;
    //站立动画是否已播放完毕;
```

```csharp
    private bool finishStandingAnimation = false;
    //是否已开始播放站立动画；
    private bool standingStart = false;

    private float crouchTime;
    private bool finishCrouchAnimation = false;
    private bool crouchStart = false;

    private float aimTime;
    private bool finishAimAnimation = false;
    private bool aimStart = false;

    private bool finishFireAnimation = false;
    private bool fireStart = false;
    private float randomFireTime = 0;

    private float reloadTime;
    private bool finishReloadAnimation = false;
    private bool reloadStart = false;


    void Start ()
    {
        //获得动画组件和EnemyAIController组件；
        anim = GetComponent<Animation> ();
        aiController = GetComponent<EnemyAIController> ();

        //保存各动画的播放时间；
        standingTime = anim["Standing"].length;
        crouchTime = anim["Crouch"].length;
        aimTime = anim["StandingAimCenter"].length;
        reloadTime = anim["Reload"].length;

    }

    void Update () {

    }
```

```csharp
//行为树节点Crouch的代码;
public Action Crouch()
{
    //为了更好地观察行为树的执行流程, 这里加入Debug输出信息;
    Debug.Log("crouching");

    //调用控制脚本的Crouch()函数;
    aiController.Crouch();

    //如果下蹲动画尚未开始;
    if (!crouchStart)
    {
        //调用WaitForCrouchAnimation协程;
        StartCoroutine("WaitForCrouchAnimation");
        crouchStart = true;
    }

    //如果下蹲动画已完成;
    if (finishCrouchAnimation)
    {
        //设置相应的变量值, 并返回执行结果Success;
        finishCrouchAnimation = false;
        crouchStart = false;
        yield return NodeResult.Success;
    }
    else
    {
        //如果下蹲动画还在进行中, 返回节点执行结果Continue;
        yield return NodeResult.Continue;
    }
}

//等待下蹲动画完成的协程;
IEnumerator WaitForCrouchAnimation()
{
    //等待crouchTime秒后, 返回继续执行下一条语句;
    yield return new WaitForSeconds(crouchTime);
```

```csharp
        //设置标识变量，表示下蹲动画已播放完毕;
        finishCrouchAnimation = true;
    }


//行为树节点Stand的代码;
public Action Stand()
{
    Debug.Log("standing!");

    aiController.Stand();

    if (!standingStart)
    {
        StartCoroutine("WaitForStandingAnimation");
        standingStart = true;
    }

    if (finishStandingAnimation)
    {
        finishStandingAnimation = false;
        standingStart = false;
        yield return NodeResult.Success;
    }
    else
    {
        yield return NodeResult.Continue;
    }
}

IEnumerator WaitForStandingAnimation()
{
    yield return new WaitForSeconds(standingTime);
    finishStandingAnimation = true;
}
```

```csharp
//行为树节点Aim的代码;
public Action Aim()
{
    Debug.Log("aiming!");
    //调用EnemyAIController中的Aim()函数;
    aiController.Aim();

    //等待瞄准动画播放完毕;
    if (!aimStart)
    {
        StartCoroutine("WaitForAimAnimation");
        aimStart = true;
    }

    if (finishAimAnimation)
    {
        finishAimAnimation = false;
        aimStart = false;
        yield return NodeResult.Success;
    }
    else
    {
        yield return NodeResult.Continue;
    }
}

IEnumerator WaitForAimAnimation()
{
    yield return new WaitForSeconds(aimTime);
    finishAimAnimation = true;
}



//行为树节点Fire的代码
public Action Fire()
{
    Debug.Log("firing!");
```

```csharp
        //调用EnemyAIController中的Fire()函数;
        aiController.Fire();

        //等待开火动画播放完毕;
        if (!fireStart)
        {
            StartCoroutine("WaitForFireAnimation");
            fireStart = true;
        }

        if (finishFireAnimation)
        {
            finishFireAnimation = false;
            fireStart = false;

            //调用StopFire()函数,停止开火;
            aiController.StopFire();
            yield return NodeResult.Success;
        }
        else
        {
            yield return NodeResult.Continue;
        }
    }
}

IEnumerator WaitForFireAnimation()
{
    //等待时间为随机选择的开火时间;
    yield return new WaitForSeconds(randomFireTime);
    finishFireAnimation = true;
}

//行为树节点PickRandomFireTime的代码;
public Action PickRandomFireTime()
{
    Debug.Log("picking random fire time!");

    int minTime = 1;
```

```
    int maxTime = 4;
    randomFireTime = Random.Range(minTime,maxTime);

    yield return NodeResult.Success;
}


//行为树节点Reload的代码;
public Action Reload()
{
    Debug.Log("reloading!");

    aiController.Reload();

    if (!reloadStart)
    {
        StartCoroutine("WaitForReloadAnimation");
        reloadStart = true;
    }

    if (finishReloadAnimation)
    {
        finishReloadAnimation = false;
        reloadStart = false;
        yield return NodeResult.Success;
    }
    else
    {
        yield return NodeResult.Continue;
    }
}

IEnumerator WaitForReloadAnimation()
{
    yield return new WaitForSeconds(reloadTime);
    finishReloadAnimation = true;
}
```

```csharp
//行为树节点Delay的代码；
public Action Delay()
{
    Debug.Log("delay 1 second!");

    if (!delayStart)
    {
        StartCoroutine("DelayForSeconds");
        delayStart = true;
    }

    if (delayFlag)
    {
        delayFlag = false;
        delayStart = false;
        yield return NodeResult.Success;
    }
    else
        yield return NodeResult.Continue;

}

IEnumerator DelayForSeconds()
{
    yield return new WaitForSeconds(1);
    delayFlag = true;
}


//行为树节点DelayRandom的代码；
public Action DelayRandom()
{
    Debug.Log("delay random time!");

    if (!delayRandomStart)
    {
        //在2和7之间产生一个随机数；
```

```csharp
            randomDelayTime = Random.Range(2,7);
            StartCoroutine("DelayForRandomSeconds");
            delayRandomStart = true;
        }

        if (delayRandomFlag)
        {
            delayRandomFlag = false;
            delayRandomStart = false;
            yield return NodeResult.Success;
        }
        else
            yield return NodeResult.Continue;

    }

    IEnumerator DelayForRandomSeconds()
    {
        yield return new WaitForSeconds(randomDelayTime);

        delayRandomFlag = true;
    }



    //行为树节点GoToShelter的代码;
    public Action GoToShelter()
    {
        Debug.Log("going towards shelter!");

        aiController.runToDestination = true;

        //调用EnemyAIController脚本中的RunTowardsShelter()函数;
        aiController.RunTowardsShelter();

        //如果当前位置与隐蔽点的距离大于某个值，那么表示尚未到达隐蔽点;
        if (Vector3.Distance(aiController.Shelter.transform.position,
            aiController.transform.position) > aiController.ShelterDistance)
```

```csharp
    {
        //返回节点执行结果Continue;
        yield return NodeResult.Continue;
    }
    else
    {
        //已到达隐蔽点,返回节点执行结果Success;
        aiController.runToDestination = false;
        yield return NodeResult.Success;
    }
}


//行为树节点SelectNewShelter的代码;
public Action SelectNewShelter()
{
    Debug.Log("selecting new shelter!");

    aiController.SelectNewShelter();

    if (aiController.Shelter != null)
        yield return NodeResult.Success;
    else
        yield return NodeResult.Failure;
}



//下面部分是实现行为树条件节点的代码;

//行为树节点isPlayerFiring()的代码;
public bool isPlayerFiring()
{
    Debug.Log("player firing?");

    return aiController.IsPlayerFiring();

}
```

```csharp
//行为树节点isBehindShelter的代码;
public bool isBehindShelter()
{
    Debug.Log("behind shelter?");

    if (aiController.Shelter == null)
        return false;

    return Vector3.Distance(aiController.Shelter.transform.position,
        aiController.transform.position) <= aiController.ShelterDistance;
}


//行为树节点isShelterLocated的代码;
public bool isShelterLocated()
{
    Debug.Log("has shelter?");

    return aiController.Shelter != null;
}


//行为树节点isNotBehindShelter的代码;
public bool isNotBehindShelter()
{
    Debug.Log("not behind shelter?");

    if (aiController.Shelter == null)
        return true;

    return Vector3.Distance(aiController.Shelter.transform.position,
        aiController.transform.position) > aiController.ShelterDistance;
}

//行为树节点shouldReload的代码;
public bool shouldReload()
```

```
        {
            Debug.Log("should reload?");

            return aiController.shouldReload();
        }
}
```

7.6.3 敌人AI士兵角色控制脚本

单击【Component】→【Pathfinding】→【Seeker】，为敌人AI士兵添加Seeker寻路脚本。
为敌人AI士兵的武器M4添加Gun.cs脚本，并设置好相应参数。
为敌人AI士兵添加EnemyAIController.cs脚本。

EnemyAIController.cs脚本负责控制敌人的具体行动，例如播放动画、寻路、移动等，将这个脚本赋给EnemyAI游戏体，然后设置相应的参数。

将敌人AI士兵所使用的武器M4拖动到Weapon位置，再将Explosion预置体拖动到Explosion Prefab中（由于没有死亡动画，所以，当敌人死亡时，用一个爆炸动画来表示敌人被消灭），另外，还需要创建一个空物体（只有Transform组件），作为Target预置体，将其拖入到Target Prefab中，如图7.8所示。

设置好一个敌人AI士兵之后，可以选中它，通过单击【Edit】→【Duplicate】，在场景中复制两个同样的敌人AI士兵，也可以利用预置体重复添加敌人AI士兵。这里，总共在场景中添加了3个敌人AI士兵。

> **提示：** EnemyAIController类是A* Pathfinding Project中AIPath类的派生类。AIPath类会每隔一段时间进行周期性地寻路，因此需要设置重新寻路的频率——Repath Rate。在这个应用中，由于每次寻路时都会直接发出寻路请求，因此该频率可以设置得很低。

图7.8 敌人的Inspector面板

代码清单7-7　　EnemyAIController

```csharp
using UnityEngine;
using System.Collections;
using Pathfinding;

//该类是A* Pathfinding Project中AIPath的派生类;
public class EnemyAIController : AIPath
{
    //当与隐蔽点的距离小于这个值时，认为已经到达隐蔽点;
    public float ShelterDistance = 0.6f;
    //敌人的枪;
    public GameObject weapon;
    //爆炸特效预置体;
    public GameObject explosionPrefab;
    //寻路目标的预置体;
    public GameObject targetPrefab;

    //玩家游戏对象;
    private GameObject player;
    //玩家控制器脚本;
    private PlayerController playerController;
    //枪的脚本组件;
    private Gun gunScript;
    //当前的隐蔽点;
    private Shelter _Shelter;
    //动画组件;
    private Animation anim;

    //敌人角色的生命值;
    [HideInInspector]
    public int health = 100;

    //是否正在跑向目标点的路上;
    [HideInInspector]
    public bool runToDestination = false;

    public Shelter Shelter
    {
```

```csharp
        get {return _Shelter; }
        set
        {
            if (Shelter != value)
            {
                if (_Shelter != null)
                    _Shelter.Controller = null;
                _Shelter = value;
                if (_Shelter != null)
                    _Shelter.Controller = this;
            }
        }
    }


void Start ()
{
    //获得动画组件;
    anim = GetComponent<Animation>();

    //实例化寻路目标预置体;游戏进行过程中,目标点是动态变化的;
    GameObject newTarget = Instantiate(targetPrefab, transform.position, transform.rotation) as GameObject;
    target = newTarget.transform;

    //找到玩家游戏体,获得PlayerController脚本组件,获得枪的脚本组件;
    player = GameObject.FindGameObjectWithTag("Player");
    playerController = player.GetComponent<PlayerController>();
    gunScript = weapon.GetComponent<Gun>();

    //如果持有枪,那么设置枪的控制器为当前角色;
    if (weapon != null)
        gunScript.controller = transform.gameObject;

    //调用基类AIPath的Start()函数;
    base.Start();

}
```

```csharp
//重载基类的函数,设置位置;
public override Vector3 GetFeetPosition()
{
    return tr.position;
}


void Update()
{
    //如果生命值为0,实例化爆炸特效后,销毁自身;
    if (health <= 0)
    {
        Instantiate(explosionPrefab,transform.position,Quaternion.identity);
        Destroy(this.gameObject);
    }

    //如果已选择好了隐蔽点,且正在跑向目标(隐蔽点);
    if ((Shelter != null) && runToDestination )
    {
        //调用基类的Update()函数,更新角色位置;
        base.Update();

    }

    //如果不是在跑向目标点的路上;那么旋转,面向玩家;
    if (!runToDestination)
    {
        Vector3 dir = player.transform.position - transform.position;
        Vector3 newDir = Vector3.RotateTowards(transform.forward, dir.normalized, turningSpeed * Time.deltaTime, 0.0f);
        transform.rotation = Quaternion.LookRotation(newDir);
    }
}


public void RunTowardsShelter()
{
```

```csharp
        //播放奔跑动画;
        anim.CrossFade("Run");
    }

    public void Crouch()
    {
        //播放下蹲动画;
        anim.CrossFade("Crouch");
    }

    public void Stand()
    {
        //播放站立动画;
        anim.CrossFade("Standing");
    }

    public void Aim()
    {
        //播放瞄准动画;
        anim.CrossFade("StandingAimCenter");
    }

    public void Reload()
    {
        //播放加子弹动画;
        anim.CrossFade("Reload");
        //调用枪的脚本的Reload()函数, 加子弹;
        gunScript.Reload();
    }

    public void Fire()
    {
        //播放Fire动画;
        anim.CrossFade("Fire");

        //调用枪的脚本的Fire()函数;
        gunScript.Fire();
    }
```

```csharp
public void StopFire()
{
    gunScript.StopFire();
}


//选择新的隐蔽点;
public void SelectNewShelter()
{
    //尝试随机选择一个新的隐蔽点;
    for (int i=0; i<3; i++)
    {
        int shelterIndex = Random.Range(0,Shelter.Shelters.Count);
        if (Shelter.Shelters[shelterIndex] == Shelter)
            continue;
        if (Shelter.Shelters[shelterIndex].Controller == null)
        {
            //找到新的隐蔽点,保存并设置目标位置,调用寻路函数并返回;
            this.Shelter = Shelter.Shelters[shelterIndex];

            target.position = this.Shelter.transform.position;
            seeker.StartPath(GetFeetPosition(),target.position);
            return;
        }
    }

    //如果在随机选择中没有找到合适的隐蔽点,那么遍历隐蔽点表中的所有隐蔽点;
    foreach (var s in Shelter.Shelters)
    {
        if (s == Shelter)
            continue;
        //如果找到新的隐蔽点,保存并跳出循环;
        if (s.Controller == null)
        {
            this.Shelter = s;
            break;
        }
    }
```

```
    //设置寻路目标位置;
    target.position = this.Shelter.transform.position;

    //发出寻路请求;
    seeker.StartPath(GetFeetPosition(),target.position);
}

//判断玩家是否正在开火;
public bool IsPlayerFiring()
{
    if (playerController.isFiring)
    {
        print("The Player is firing!");
        return true;
    }
    else
        return false;
}

//判断是否需要加子弹;
public bool shouldReload()
{
    //如果枪的脚本中的子弹数小于1,那么需要加子弹,否则不需要;
    return gunScript.ammo < 1;
}
}
```

7.7 创建GUI用户界面

创建用户界面。单击【GameObject】→【Create Other】→【GUI Text】命令,生成一个GUI Text游戏对象,将它重命名为Aim,在Inspector面板中将GUIText组件中的Text属性设为"Aim:Mouse 1"。用同样方法再添加4个GUI Text游戏对象,分别重命名为Fire、Movement、Reload、Crouch,并相应修改GUIText组件中的Text属性,如图7.9所示。然后创建一个空物体，命名为GUID，将刚才创建的5个GUI Text游戏对象（Aim、Fire、Movement、Reload、Crouch）拖动到GUID下，作为它的子物体。

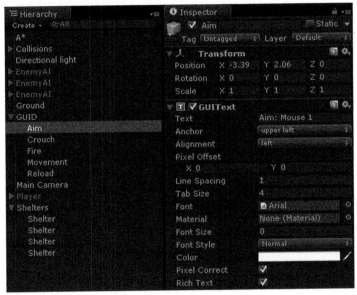

图7.9　GUID的Inspector面板

7.8　游戏截图

运行游戏。

（1）游戏开始，3个敌人AI士兵跑向隐蔽点，如图7.10所示。

图7.10　游戏开始后敌人AI士兵跑向隐蔽点

（2）敌人AI士兵向玩家开火（由于子弹速度很快，因此屏幕截图效果不是很好），如图7.11所示。

图7.11　敌人AI士兵向玩家开火

（3）敌人AI士兵各自跑向新的隐蔽点，如图7.12所示。

图7.12　游戏过程中，3个敌人AI士兵从原来的隐蔽点跑向新的隐蔽点

（4）敌人AI士兵蹲下躲避子弹，如图7.13所示。

（5）玩家消灭一个敌人AI士兵，如图7.14所示。

图7.13 敌人AI士兵蹲下躲避子弹

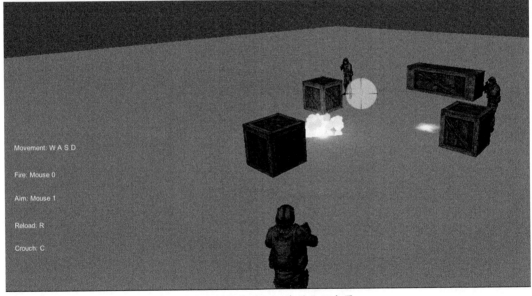

图7.14 玩家消灭一个敌人AI士兵

参考文献

[1] 金玺曾. Unity3D手机游戏开发[M]. 北京：清华大学出版社，2013

[2] Brian Schwab. AI游戏引擎程序设计[M]. 林龙信，张波涛译. 北京：清华大学出版社，2007

[3] C. W. Reynolds. 1999. Steering behaviors for autonomous charachters[J]. Proc. of Game Developers Conference, Miller Freeman Game Group, San Francisco, CA. 763–782

[4] Mat Buckland. 游戏人工智能编程案例精粹（第二版）[M]. 罗岱等译. 北京：人民邮电出版社，2012

[5] Mark DeLoura. 游戏编程精粹.第1版.王淑礼，张磊译. 北京：人民邮电出版社，2004

[6] Dante Treglia. 游戏编程精粹.第3版.张磊译. 北京：人民邮电出版社，2003

[7] Neil Kirby. Introduction to Game AI [M]. Cengage Learning PTR, 2010

[8] David M.Bourg, Glenn Seemann. 游戏开发中的人工智能[M]. O'Reilly Taiwan公司编译. 南京：东南大学出版社，2006

[9] Steve Rabin. 人工智能游戏编程真言[M]. 庄越挺，吴飞译. 北京：清华大学出版社，2005

[10] Aung Sithu Kyaw, Clifford Peters, Thet Naing Swe. Unity 4.x Game AI Programming. PACKT Publishing, 2013

[11] Ian Millington, John Funge. ARTIFICIAL INTELLIGENCE FOR GAMES（second edition）[M]. Morgan Kaufmann, Elsevier, 2009

[12] R. Straatman, A. Beij. 2005. Killzone's AI: dynamic procedural combat tactics[J]. Game Developers Conference